Application Guide for Next-Generation Sequencer

次世代シーケンサー活用術

トップランナーの最新研究事例に学ぶ

林﨑良英 監修
Yoshihide Hayashizaki

伊藤昌可・伊藤恵美 編
Masayoshi Itoh & Emi Ito

化学同人

執筆者一覧

監 修
　林﨑　良英　　　理化学研究所　予防医療・診断技術開発プログラム

編 者
　伊藤　昌可　　　理化学研究所　予防医療・診断技術開発プログラム
　伊藤　恵美　　　前理化学研究所　予防医療・診断技術開発プログラム

執筆者（五十音順）
　阿部　　陽　　　岩手生物工学研究センター
　飯田　哲也　　　大阪大学　微生物病研究所
　板谷　光泰　　　慶應義塾大学　先端生命科学研究所
　岡田　典弘　　　国際科学振興財団，国立成功大学
　岡田　浩美　　　理化学研究所　予防医療・診断技術開発プログラム
　笠原　雅弘　　　東京大学大学院　新領域創成科学研究科
　川島　武士　　　沖縄科学技術大学院大学
　菊池　尚志　　　農業生物資源研究所　農業生物先端ゲノム研究センター
　木村　信忠　　　産業技術総合研究所　生物プロセス研究部門
　栗原　志夫　　　理化学研究所　環境資源科学研究センター　合成ゲノミクス研究チーム
　佐藤　矩行　　　沖縄科学技術大学院大学
　澤　進一郎　　　熊本大学大学院　自然科学研究科
　重信　秀治　　　基礎生物学研究所　生物機能解析センター
　柴田　朋子　　　基礎生物学研究所
　將口　栄一　　　沖縄科学技術大学院大学
　新里　宙也　　　沖縄科学技術大学院大学
　関　　原明　　　理化学研究所　環境資源科学研究センター　植物ゲノム発現研究チーム
　高木　宏樹　　　岩手生物工学研究センター
　髙橋　聡史　　　理化学研究所　環境資源科学研究センター　植物ゲノム発現研究チーム

竹内　猛	沖縄科学技術大学院大学
寺内　良平	岩手生物工学研究センター
中川　英刀	理化学研究所 統合生命医科学研究センター ゲノムシーケンス解析研究チーム
中村　昇太	大阪大学 微生物病研究所
中屋　隆明	京都府立医科大学大学院 医学研究科
二階堂雅人	東京工業大学大学院 生命理工学研究科
西山　智明	金沢大学 学際科学実験センター
野田　尚宏	産業技術総合研究所 バイオメディカル研究部門
長谷部光泰	基礎生物学研究所
堀井　俊宏	大阪大学 微生物病研究所
本蔵　俊彦	クオンタムバイオシステムズ株式会社
松倉　智子	産業技術総合研究所 バイオメディカル研究部門
三浦　隆匡	製品評価技術基盤機構 バイオテクノロジーセンター
持田　恵一	理化学研究所 環境資源科学研究センター バイオマス研究基盤チーム
森　浩禎	奈良先端科学技術大学院大学 バイオサイエンス研究科
山口(上原)由紀子	理化学研究所 環境資源科学研究センター バイオマス研究基盤チーム
山副　敦司	製品評価技術基盤機構 バイオテクノロジーセンター
吉川　博文	東京農業大学 応用生物科学部

まえがき

　人類の生命の設計図を紐解くという，サイエンス史上類をみない国際プロジェクト「ヒトゲノム計画」は2003年に一通り終了しましたが，このとき欧米と日本との間には大きなギャップが生じていたことをご存知でしょうか．日本政府がヒトゲノム計画を完了とみなしたのに対し，欧米はそれをスタートラインとして，さらなるシーケンス技術の改良に踏み出していました．そこには個人のゲノム情報を医療に活かすという壮大な目標があったからです．とくにアメリカ政府は多額の予算を官民にかかわらず広く提供し，一丸となってシーケンス技術のさらなる開発を進めました．その結果，いくつものベンチャー企業がそれぞれ独自のシーケンス技術を開発しました．それはあたかも，カンブリア紀に起こった進化の大爆発のようでした．そのなかから現在広まっている，いわゆる「次世代シーケンサー」が生まれたのです．

　欧米の思惑通り，次世代シーケンサーの出現とその爆発的な解読能力により，いまや個人のゲノム情報を読み取ることができる世の中になりつつあります．いわゆる「パーソナルゲノム」と呼ばれるこの情報は，究極の個人情報とも呼ばれており，欧米では医療に活かそうと画策されています．これまでに，原因不明の難病患者のゲノム情報から原因遺伝子を見つけだして治療に結びついた例や，いままでの技術では検出できなかった病原体を同定できたりしているのです．さらに，さまざまな分野で利用できるよう，次世代シーケンサー技術は日々さらなる精確化・小型化・低コスト化といった進化を続けています．

　しかし，次世代シーケンサーが開発されてきた経緯からもわかるように，日本はこれまで開発にほとんど関与してこなかったばかりか，その導入や利用も欧米に比べて遅れているのが現状です．日本での次世代シーケンサーの利用状況は，欧米より数年は遅れているといっても過言ではありません．その欧米では，次世代シーケンサーは医療分野以外にも用いられており，いまはまだ利用されていない分野にも応用できる可能性を秘めているのです．

まえがき

　本書は，これほど便利で革新的な技術である次世代シーケンサーを活用しないのはもったいない，という思いから企画されました．次世代シーケンサーは，"どのような研究の役に立っているのか，""自分の研究に活用できるのか，""具体的にどうしたら研究に導入できるのか，""すごいらしいがどこから手を付けたらよいかわからない，"と感じている方の一助とするため，医学分野はもちろん，動物，植物，微生物といったさまざまな研究分野における次世代シーケンサーの活用例を，執筆者自身の経験をもとに紹介しています．実験プロトコル集と一線を画し，次世代シーケンサーの導入がその研究分野にどのようなパラダイムシフトを起こしたのか，これまでに次世代シーケンサーを使う機会がなかった方の参考になるよう，わかりやすく解説することを目指しました．これらの活用例をヒントに，みなさんの研究分野における新しいアイデアを思いつくことがあれば，これほど喜ばしいことはありません．本書が，次世代シーケンサー技術への理解と，さまざまな研究分野への応用，そして発展の一助となれば幸いです．

　最後に，本書の出版を企画し，アドバイスをいただきました化学同人編集部の浅井歩さん，坂井雅人さんに厚くお礼申し上げます．

2015 年 1 月

　　　　　　　　　　　　　　　　　　　　　　　　　　　伊藤　昌可・伊藤　恵美

目　次

PART1　次世代シーケンサーの基礎

1章　次世代シーケンサーの原理と概要　　003
本蔵　俊彦

- 1.1　次世代シーケンサー開発の歴史と背景　　*003*
- 1.2　次世代シーケンサーの分類　　*005*
- 1.3　第1世代シーケンサー：サンガー法およびキャピラリー電気泳動法　　*006*
- 1.4　第2世代シーケンサー：超並列化および自動化逐次解析　　*008*
- 1.5　第3世代シーケンサー　　*015*
- 1.6　第4世代シーケンサー　　*020*
- 1.7　次世代DNAシーケンサーの各種用途　　*024*
- 1.8　今後の動向　　*026*

2章　次世代シーケンサーと未来の予防医療　　028
岡田　浩美・伊藤　昌可・林﨑　良英

- 2.1　医療における次世代シーケンス技術の利用　　*028*
- 2.2　日本のFANTOMの歴史とRNA新大陸の発見　　*030*
- 2.3　次世代シーケンス技術のターゲット：2種類の核酸バイオマーカー(ゲノムDNAとRNA)　　*031*
- 2.4　次世代シーケンス技術によるゲノムDNA解析が与える医療へのインパクト　　*033*
- 2.5　RNA解析による医療への新たなアプローチ　　*035*
- 2.6　次世代シーケンス技術を駆使した未来医療構築に向けての展望　　*037*

PART2　次世代シーケンサーの利用例

3章　感染症研究への次世代シーケンサーの応用　　041
中村　昇太・飯田　哲也・中屋　隆明・堀井　俊宏

- 3.1　感染症研究における新たな展望　　*042*
- 3.2　次世代シーケンシングによる病原体の検出　　*042*

- 3.3　次世代シーケンシングの感染症研究への応用 ⋯⋯ 047
- 3.4　病原体ゲノム解析における現行機種の比較 ⋯⋯ 051
- 3.5　今後の展望：次世代シーケンシングによるベッドサイド解析とゲノム疫学 ⋯⋯ 052

4章　次世代シーケンサーによるがん研究　　055

中川　英刀

- 4.1　がんの解析方法 ⋯⋯ 056
- 4.2　がんのエクソーム解析 ⋯⋯ 057
- 4.3　がんの全ゲノムシーケンス解析 ⋯⋯ 058
- 4.4　がんのRNA-seq解析 ⋯⋯ 060
- 4.5　次世代シーケンスによるがんのエピゲノム解析 ⋯⋯ 061
- 4.6　がんのClinical sequencing(Target sequencing)とゲノム診断 ⋯⋯ 062
- 4.7　がんのHeterogeneityの解析 ⋯⋯ 063
- 4.8　がんゲノム研究の流れと注意点 ⋯⋯ 064

5章　環境中の微生物群集構造　　069

山副　敦司・野田　尚宏・松倉　智子・木村　信忠・三浦　隆匡

- 5.1　次世代シーケンサーを利用した環境中の微生物叢(群集)の網羅的な解析 ⋯⋯ 070
- 5.2　バイオレメディエーション現場における安全性評価(実施例1) ⋯⋯ 074
- 5.3　次世代シーケンサーを活用したバイオマス糖化酵素の網羅的探索(実施例2) ⋯⋯ 078

6章　植物ゲノム解析　　083

重信　秀治・澤　進一郎・栗原　志夫・持田　恵一・山口(上原)由紀子
高木　宏樹・阿部　陽・寺内　良平・髙橋　聡史・関　原明

- 6.1　モデル植物における次世代シーケンシング ⋯⋯ 084
- 6.2　変異体の原因遺伝子の迅速同定 ⋯⋯ 084
- 6.3　量的形質遺伝子座の迅速同定：QTL-seq法 ⋯⋯ 087
- 6.4　新しい草本モデル植物ミナトカモジグサのトランスクリプトーム解析 ⋯⋯ 090
- 6.5　RNA-seq解析による新規なRNA制御機構の発見 ⋯⋯ 092
- 6.6　植物ゲノム研究における次世代シーケンスの課題：反復性への挑戦 ⋯⋯ 094
- 6.7　おわりに ⋯⋯ 095

7 章　海洋生物のゲノム解読とその広がり　　099
佐藤　矩行・將口　栄一・新里　宙也・竹内　猛・川島　武士

- 7.1 海洋生物のゲノム解読 …… *100*
- 7.2 進化ゲノム科学 …… *102*
- 7.3 環境ゲノム科学 …… *105*
- 7.4 機能ゲノム科学 …… *109*
- 7.5 おわりに …… *112*

8 章　1 分子シーケンサーを用いた非モデル生物の *de novo* ゲノム解読　　115
柴田　朋子・笠原　雅弘・重信　秀治・西山　智明・長谷部　光泰

- 8.1 非モデル生物のゲノム解読 …… *116*
- 8.2 ライブラリー構築法の改良 …… *117*
- 8.3 アセンブル法の開発 …… *118*
- 8.4 今後の展望と課題：1 分子シーケンサーのみを使った *de novo* ゲノム解読 …… *124*
- 8.5 おわりに …… *125*

9 章　微生物ゲノム　　129
森　浩禎

- 9.1 シーケンス技術の進歩 …… *130*
- 9.2 ケーススタディー …… *132*
- 9.3 おわりに …… *140*

10 章　絶滅危惧種のゲノム解読とその利用　　143
二階堂　雅人・岡田　典弘

- 10.1 絶滅の危機に瀕する生物種 …… *144*
- 10.2 生きた化石 "シーラカンス" …… *145*
- 10.3 適応放散のモデル生物 …… *151*
- 10.4 おわりに …… *155*

11 章　ゲノム合成生物学での次世代シーケンス　　157
板谷　光泰・吉川　博文

- 11.1 ゲノム合成 …… *158*
- 11.2 ゲノム合成技術と宿主依存性 …… *158*

目 次

11.3　ゲノム合成の宿主である枯草菌168株：第1世代のゲノム解読	160
11.4　次世代シーケンス世代の枯草菌ゲノム解読	162
11.5　枯草菌近縁種の納豆菌ゲノム解読	165
11.6　おわりに	166

12章　イネなどの作物ゲノム研究および育種技術の向上　　169

菊池　尚志

12.1　イネのゲノム情報の進化	170
12.2　イネゲノムのプラットフォームの構築	170
12.3　次世代シーケンサーの登場	171
12.4　ゲノムリシーケンスとゲノムワイド関連解析	172
12.5　トランスクリプトーム解析	176
12.6　次世代シーケンス技術を使いこなすために	178
12.7　おわりに	179

PART3　次世代シーケンサーがもたらす新時代
~トップランナーが語るこれからのバイオサイエンス~

- 個人の全ゲノムシーケンスの到来（林﨑　良英） … 184
- ゲノム疫学の進展（中村　昇太） … 185
- がんのゲノム医療の実現（中川　英刀） … 186
- 新たな微生物資源開発への期待と課題（山副　敦司） … 187
- 植物の環境ストレス適応機構の全貌解明（関　原明） … 188
- 全動物門のゲノム解読時代の到来（佐藤　矩行） … 189
- ゲノムから進化の実体を探る（長谷部　光泰） … 190
- 次世代シーケンサーがもたらす異分野融合研究（森　浩禎） … 191
- 生物多様性創出メカニズムの解明（二階堂　雅人） … 192
- 超高速ゲノム解読時代を迎えて変わる社会（吉川　博文） … 193
- 広がりを見せる作物ゲノム解読（菊池　尚志） … 194

○索　引　195

PART 1

次世代シーケンサーの基礎

次世代シーケンス技術の進歩により，短時間かつ低コストで生命現象の根幹をなすゲノム情報を解読できるようになった．さまざまな次世代シーケンサーが上市されているため，それぞれの特徴と原理を理解し，目的にあった機器を選択することが，望む結果を得る近道となる．次世代シーケンサーを導入する前に知っておきたい基礎を見ていこう．

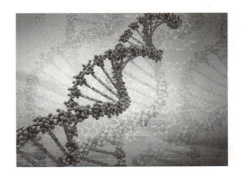

PART 1 次世代シーケンサーの基礎

1章 次世代シーケンサーの原理と概要

本蔵 俊彦

1.1 次世代シーケンサー開発の歴史と背景

今世紀に入って，最もインパクトのある科学成果の一つにあげられる「ゲノム解読」．この歴史はDNA配列を解析する手段であるDNAシーケンサーの開発なしには語れない．1977年にF. Sangerらによってチェーンターミネーション法[1]が開発され，まずは5375塩基のPhage PhiXの全ゲノム配列決定[2]がなされ，その後多くのモデル生物のゲノム配列が同方法により解読された．とくに1988年に開始されたヒトゲノムプロジェクトはDNAシーケンサーの急速な性能向上とともに加速され，2001年にドラフト配列が公表[3,4]，2003年に解読完了宣言がなされた．

完了宣言後も翌年から，アメリカNHGRI（アメリカヒトゲノム研究所）が「1000ドルゲノムプロジェクト」を立ち上げ，より速く，より安く，より精度良く解析できる次世代シーケンサーの開発を支援した．その結果，ヒトゲノムプロジェクト時には約13年間と3000億円を費やしていたヒトゲノム解析が，数日と1000ドル程度で実施できる目途がたってきている．次世代シーケンサー開発大手のIllumina社から最近発表された機種「HiSeq X」は，同目標を達成できるとされており，1000ドルゲノムの目標達成はもはや時間の問題といえる．また，基礎研究のみなら

1章 次世代シーケンサーの原理と概要

*1 2011年のシーケンシング市場は30億ドル，年率17.5%の成長率で拡大し，2016年には66億ドルへ成長する見込み．1000ドル時代の到来により，さらなる用途の拡大とともに市場拡大が期待される．

ず，臨床利用を念頭においた装置開発も進展しており，次世代技術・装置の開発競争はますます激化している*1（図1-1）．

グローバル経営コンサルティング会社McKinsey & Companyの試算によると，このような次世代シーケンサー開発の経済効果は，2025年までに年間70兆円から160兆円に達し，年間2500万人の患者の治療成績向上に寄与する破壊的イノベーションの代表例としてあげられている[5]．また，生命科学の基礎研究分野でも，改良が進む次世代シーケンサーによって，*de novo* ゲノムシーケンス，ターゲットリシーケンス，発現量解析，構造多型・変異解析，DNA修飾解析など，さまざまな用途・解析が可能となり，DNAシーケンサーの性能向上自体が新たな研究分野の開拓につながっている*2．

*2 読み取りコストの激減により，基礎研究（ゲノムプロジェクト）以外に，臨床診断（薬剤効果，疾患リスク），新規ヘルスケアサービスなど，ゲノム解読を軸とした新産業が創出されつつある．

さまざまな特色をもつDNAシーケンサーが利用できるようになった一方で，目的・用途に応じて正しいDNAシーケンサーを選択すること自体が，革新的な研究を推進するうえでの重要な差別化ポイントになりつつある．望む結果を得るためには，単にDNAシーケンサーのスペックの比較ではなく，原理に付随する装置特性を正しく理解し，適切に選択することが重要な要因となっている．しかし，近年開発されたDNAシーケンサーの構成要素は多岐に渡り，物理（蛍光シグナル，電気シグ

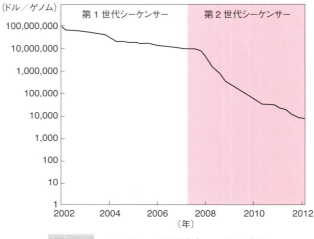

図1-1 ヒトゲノム配列決定コストの変遷

ナル），化学（化学構造，修飾物質），生物（タンパク質，酵素），情報科学（シグナル処理，アセンブル）からなる融合分野のどの要素が欠けても，システムとしての正確な理解が困難になっている．すべての要素において専門的な内容を理解する必要はないが，各要素技術の特徴を俯瞰的に把握したうえで，適切なDNAシーケンサーを選択し，また，各装置の原理特性を踏まえた解析，解釈をすることが肝要である．

なお，DNAシーケンサーは日々性能が向上しており，最新スペックの数値比較については，さまざまな論文やウェブサイトで公表されているので，そちらを参照されたい．本章では，DNAシーケンサーを現在使用していない読者を対象に，よりわかりやすくシーケンシング原理を説明する．そして，後章の理解，また，適切なシーケンサー選択に役立てていただきたい．

1.2 次世代シーケンサーの分類

DNAシーケンサーの分類には何通りもの方法が存在し，「次世代」の定義も大きく異なる．そのため，本章で使用する言葉の定義，およびフレームワークを明確にしたうえで原理を説明をする．とくに，以下の定義に沿って第1世代から第4世代までを分類するものとする（図1-2）．

- 第1世代：キャピラリー電気泳動　　　（〜2005年）
- 第2世代：並列化自動逐次解析　　　　（2005年〜2009年）
- 第3世代：非光学検出／1分子検出　　（2010年〜2014年）
- 第4世代：ナノポアシーケンサー　　　（2014年〜）

各方法については，前処理，塩基認識，検出同定など，可能な限りプロセスに関連した分類軸を用いて各原理の特徴を説明するのが効率的であろう．また，別の比較軸としては，コスト，スループット（データの出力数），精度，断片長などのアウトプットも適時参照するが，各社が公表している数値は定義が異なり，横並びに比較できるものではないことを勘案するべきである．また，スペックは日進月歩であるため，本章

1章　次世代シーケンサーの原理と概要

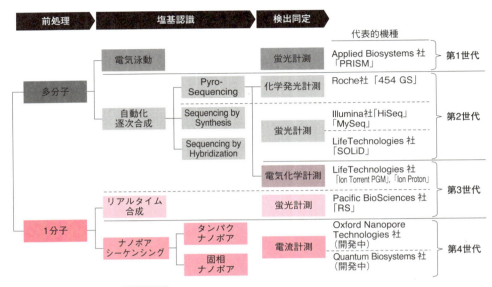

図1-2　第1世代〜第4世代シーケンサーの分類

ではあくまで「原理を定性的な側面から理解する」ことが目標であることを念頭においてほしい．以降，各世代シーケンサーの特徴や原理を順に説明する．

1.3　第1世代：サンガー法およびキャピラリー電気泳動法

　DNAシーケンサーの開発歴史は，1975年に開発されたチェーンターミネーション法（**サンガー法**），および1976年に発表された**マキサム・ギルバート法**に遡る．どちらの方法も，生命科学の基本ツールとして広く研究者に受け入れられたが，効率や安定性の観点からサンガー法がより広く使用された．サンガー法の基本原理は，DNAポリメラーゼによる塩基伸長反応を利用するが，伸長に必要な3'の水酸基を化学的にブロックした構造変異体を混合して反応に使用し，ランダムに伸長停止したDNA断片を電気泳動で分離する．当初は，4種類の塩基溶液をそれぞれ別レーンで使用したが，4種類の塩基に対応する蛍光色素が開発されたことにより，1レーンで同時解析する方法へ改善されていった（図1-3）．同原理に基づいて，自動化された電気泳動システムおよび解析装置

サンガー法
4種類の蛍光色素を用いて塩基伸長反応し，それぞれについて電気泳動を行い，バンドパターンから塩基配列を読み取る．

キャピラリー電気泳動法
第1世代シーケンサー．サンガー法に改良を加えて自動化した．特定の遺伝子のリシーケンスや発現解析に向く．比較的長く配列を読むことができる．1塩基配列当たりのコストが高い．

マキサム・ギルバート法
まず，DNAリン酸結合を試薬によって切断しやすくすることにより，さまざまな長さのDNA断片を取得する．配列決定にあたっては，DNA断片の末端を放射性標識や蛍光標識することによって，DNA断片を検出する．

1.3 第1世代：サンガー法およびキャピラリー電気泳動法

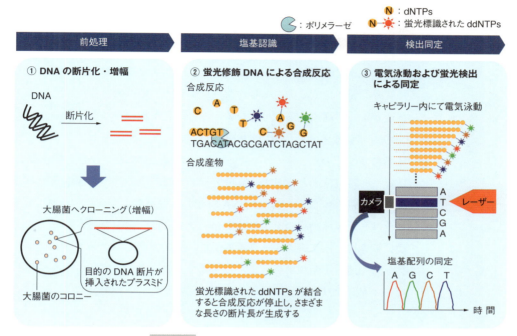

図1-3 第1世代：キャピラリー電気泳動法

がApplied Biosystems社（1986年）をはじめとする企業によって製品化された．

　サンガー法で配列同定するためには，解析サンプル量を十分に確保する必要性から，クローニングと呼ばれるDNA配列の単離，増幅の前処理プロセスが必要となる．具体的には，DNA断片をプラスミドやバクテリオファージなどのベクターに組み込み，大腸菌に移入，増殖させることにより，十分量のサンプルを得る．生化学では一般的な方法だが，労働集約的な側面が強く，大量のDNA配列を解読するには，時間とコストの観点から課題が多かった．また，クローニングによる増幅では，特定の配列・断片長は，挿入・増幅できないケースがあるうえに，増幅時のコンタミネーションや，繰り返し配列の増幅ミスなどのエラーが付随する．さらに検出に関しても，断片長が長くなるほどシグナル強度が減少し，また，**ホモポリマー**を含む場合の不十分な分解能などの問題が付随する．

ホモポリマー
4種類の塩基のうち，1種類の塩基が二つ以上連続しているDNA配列．

各種モデル生物のゲノム配列を解読していく過程で，これらの課題を解決するため，より安価に，より高速に，大量処理が可能なシステムへのニーズが高まり，コロニーピックアップなどの前処理が自動化され，効率は徐々に改善されていった．また，ポリメラーゼの改良，標識蛍光物質の開発，電気泳動用ゲルの改良，プレートの拡張などにより，より精度がよく，高速処理が可能な装置へと改良が重ねられた．

1999年になると，「ABI PRISM3700」に代表されるキャピラリー電気泳動に基づくDNAシーケンサーが開発された．キャピラリー電気泳動は従来の電気泳動と比べて，高分解能かつ短時間で解析できるうえ，試薬の使用量も少なく，大幅にDNA解析の効率を向上させた．なお，キャピラリー電気泳動型の第1世代シーケンサーは，次節で述べる第2世代型に置き換わっていくが，網羅的解析の必要性がないターゲットリシーケンスや遺伝子発現解析，またバイオマーカーなどの検証のため，いまだにキャピラリー電気泳動による配列決定が重宝されている．

1.4 第2世代：超並列化および自動化逐次解析

1.4.1 第2世代シーケンサーの特徴

第2世代シーケンサーの最大の特徴は，第1世代と比較して「大量高速処理を安価」に実施できることにある．大量処理は，並列度の圧倒的な向上，および徹底した自動化により達成されており，解析量当たりのコストも第1世代に比べて1/100以下へ大幅に削減された．

大量高速処理にあたって重要な点は，第1世代ではベクターによってクローン化され増幅されていた前処理プロセスが，多数のクラスターによる増幅へと改良されたことにある．また，塩基認識プロセスにおいても，クラスターごとの酵素反応，試薬付加，洗浄を，並列かつ逐次的に，また，自動的に実施できる仕組みが開発されたことにある．第2世代シーケンサーを開発した各社のプラットフォームに若干のバリエーションはあるが，第1世代のように電気泳動による断片長に応じた分離同定ではなく，塩基ごとに光学系装置で取得した多量の画像を情報処理したうえで塩基同定する点で，原理的には共通している．

1.4 第2世代：超並列化および自動化逐次解析

具体的には，以下のプラットフォームの原理について，詳細を解説する．

- PyroSequencing（パイロシーケンシング）法（1.4.2 参照）
- Sequencing by Synthesis（逐次合成シーケンシング）法（1.4.3 参照）
- Sequencing by Hybridization（ハイブリダイゼーションシーケンシング）法（1.4.4 参照）
- その他の方法（1.4.5 参照）

1.4.2 PyroSequencing 法

先述の特徴をもつ第2世代シーケンサーを2004年に初めて上市したのは，454社（現 Roche 社）である．同社は，塩基を逐次的な化学発光により検出同定する PyroSequencing 法[6]を開発し，既存技術に比べて安価に，高速に DNA 配列を解読できる DNA シーケンサーを販売した．

同方式の前処理プロセスは，クローニングではなく，エマルジョン PCR と呼ばれる前処理法により，単一の DNA 断片を増幅する．分子生物学的手法を用いて，3′ 末端と 5′ 末端に特異的に結合する2種類のアダプター配列をサンプル DNA 断片に結合させる．その際に，一つの DNA 断片が1ビーズに結合するように濃度調整することにより，エマルジョン（液滴）のなかに一つのビーズと1つの DNA 断片をもつマイクロリアクターを生成させる．それぞれのマイクロリアクター内で DNA 断片を PCR 反応によって増幅したあと，増幅断片をもつビーズはマイクロリアクターごとにピコタイタープレート上に移され，塩基認識プロセスへ進む．

エマルジョン PCR によって調整されたピコタイタープレートには，DNA ポリメラーゼと4種類の塩基（dNTP）が順次加えられる．ポリメラーゼによりテンプレート鎖に相補的な塩基が取り込まれる際にはピロリン酸が生じるため，ピロリン酸に伴う一連の酵素反応を経て，化学発光を CCD カメラが検出する（図 1-4）．同原理は化学発光を検出するため，高価な蛍光試薬やレーザー，光学フィルターなどの複雑な光学機器が不要で，装置の価格を削減することが可能となった．

PyroSequencing 法
最初の第2世代シーケンサー．エマルジョン PCR 後，伸長合成反応時のピロリン酸に伴う酵素反応（化学発光）を逐次的かつ並列的に検出する．比較的長く配列を読むことができ，スループットも高い．

1章　次世代シーケンサーの原理と概要

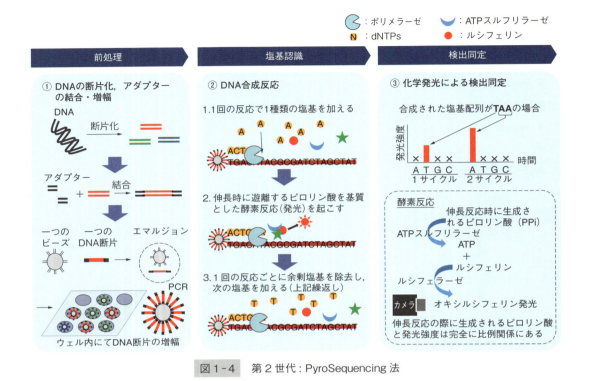

図1-4　第2世代：PyroSequencing法

　一方で，同原理に付随する課題も存在する．たとえば，エマルジョンPCRの際に，一つのビーズへ異なる複数の配列が結合したまま増幅してしまう場合がある．また，同じ塩基が連続するホモポリマーの解析を実施する場合，化学発光の増加量からは正確な連続塩基数の同定が難しい．同問題は，多重読み取りによって補正できるが，それでも4～5以上の塩基が連続する場合は正確な同定ができないとされる．

　第2世代シーケンサーに共通する課題として，ある区画からの発光が近接する区画に干渉して「ゴースト」信号を検出してしまう場合がある．また，同じく共通のエラーとして，第2世代シーケンサーは多くの分子の化学反応の平均を観測しているため，一つのビーズ表面のすべてのDNA分子が反応するわけではない．したがって，ビーズ表面のいくつかの分子は化学反応が進行せず，反応サイクルが他分子とずれる「フェージングエラー」が発生する．

1.4.3 Sequencing by Synthesis 法

　Illumina 社が販売する第 2 世代シーケンサーは，イギリスベンチャー企業の Solexa 社が開発した Sequencing by Synthesis 法[7]に基づいている．Solexa 社が開発した当初は，同原理では短断片長しか読めず，1 ラン当たりのスループットも低かった．しかし，各種技術を取り入れた改良を重ねた結果，Illumina 社の主力製品である「HiSeq」シリーズでは，スループットが 100 倍以上に改良され，また，ペアエンド（長断片長の両端配列を読む）での読み取りも可能となった．2014 年時点では，1 塩基当たりの解析コストの安さとスループットの高さから，最も高い市場シェアを得ていると推定され，ゲノム解析におけるデファクトスタンダードといってもよい地位を占めている．

　同方法は，前処理過程でブリッジ PCR と呼ばれる増幅法を用いて，1 種類の DNA 断片からなるクラスターを多数生成する．数百塩基の長さの DNA 断片の両端に，2 種類のアダプターを付加したうえで PCR 増幅を行う．同 DNA 断片は，アダプターに相補的な塩基配列が共有結合されているフローセル（スライドガラス）に固定される．DNA は両端の 2 種類のアダプターでフローセルに結合されてブリッジ構造をとる．この状態で PCR を繰り返すことで（ブリッジ PCR），同一 DNA 断片からなるクラスターが形成され，フローセル上での多種類クラスターの超並列解析が可能となる．

　次に，各クラスターごとに同時並行で，4 種類の蛍光物質で標識された塩基を 1 塩基ずつ加え，ポリメラーゼ伸長合成反応を実施する．各塩基は保護基で修飾されているため，1 塩基合成で反応が止まる．この時点での各クラスターの蛍光を画像で捕捉し，次いで保護基と蛍光標識を外して，次の合成反応へと進む（図 1-5）．本方法は保護基が可逆的に除去できるために，「可逆的ターミネーター法」とも呼ばれ，塩基合成は 100〜150 塩基まで繰り返すことが可能である．本原理は 4 種類の均等な蛍光修飾塩基を，保護・脱保護の機構により，1 塩基ずつ確実に配列を読み取ることができるため，ホモポリマーエラーも少なく，高精度に解析を実施できる．

　一方，課題としては，原理に付随してフェージングエラーが顕著にな

Sequencing by Synthesis 法
第 2 世代シーケンサー．ブリッジ PCR 後，保護基をもつ 4 種類の蛍光色素で標識された塩基を 1 塩基分だけ伸長合成し，その蛍光を画像で読み取る．1 塩基ずつ配列を決定できるため，より精度が高くなる．

1章 次世代シーケンサーの原理と概要

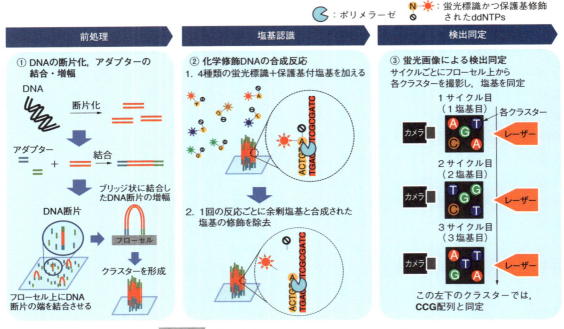

図1-5 第2世代：Sequencing by Synthesis法

る．保護・脱保護は化学反応であるために，すべての分子が均一に反応するわけではない．うまく保護できていない塩基は反応が停止されず，合成反応が先へ進んでしまう．逆に，化学反応による脱保護が十分でなかった場合は，先の合成反応へ進める分子数が減少してしまう．また，蛍光物質が十分に洗浄されずに残って検出される場合もある．これらのエラーは，保護基の化学構造や蛍光物質除去法の改良により改善されてきている．また，ポリメラーゼ自身を改良することにより，伸長合成反応に付随するエラーを削減することで精度を向上させている．

1.4.4 Sequencing by Hybridization法

Life Technologies社（2014年にThermo Fischer Scientific社へ併合）が発売している「SOLiD」シーケンサーは，DNA合成に使われるポリメラーゼではなく，リガーゼを用いたオリゴDNAのライゲーションに基づくSequencing by Hybridization法を利用しており，前述の第2世代シーケン

Sequencing by Hybridization法
第2世代シーケンサー．エマルジョンPCR後，読み取り部分（2塩基）が異なる4種類の蛍光色素で標識されたプローブを鋳型へ結合し，その蛍光を撮影する．開始点を1塩基ずつずらして，5回蛍光を撮影し，エンコード表から塩基配列を決定する．1塩基に対して2回分の情報が得られるため，より精度が高くなる．

サーとは異なる原理を用いている．前処理プロセスに関しては，前述のPyroSequencing法と同様，エマルジョンPCRによって，単一DNA鎖のクラスターからなるビーズを調整する．また，ビーズ上のDNAの3′末端を修飾することにより，フローセル表面上に共有結合することが可能になっている．

　塩基認識，検出同定プロセスの特徴は，「2 base（塩基）エンコーディング」と呼ばれる同定方法を採用している点にある．測定には8塩基長のオリゴDNAプローブが用いられるが，同プローブの3′末端の2塩基の組合せによって異なる4種類の蛍光色素で標識されている．このプローブの3′末端2塩基が，読み取り対象DNA配列の2塩基に対してハイブリダイズされる際のパターン分類で，塩基配列を同定する．なお，2塩基の組合せは4×4通り（16種類）存在するため，1蛍光色素に対しては4種類のプローブが対応する対応表（エンコーディング表）を用いて，塩基候補が絞り込まれる（図1-6）．

　解析の一連の順序は，プローブのハイブリダイゼーション，蛍光イメージ取得，8塩基プローブの5′末端の3塩基と蛍光色素を除去，というサイクルで進む．このサイクルを複数回繰り返したのちに，ハイブリダイズされた複数プローブをすべて解離させ，対象配列へのプライマーの位置を1塩基ずらして再度測定する．このプロセスを5回繰り返し，最終的に5回の蛍光イメージセットに矛盾のない塩基配列を，エンコーディング表を用いた情報処理によって導きだす．

　この原理の強みは，1塩基について2回分の塩基配列情報を得ることにある．たとえば1番目の塩基については，5回の繰り返しのうち，1回目のプライマーによるハイブリダイゼーションの結果と，2回目に使用するプライマー（1塩基ずらしたプライマー）に基づくハイブリダイゼーションによる結果の合計2回の情報が取得できる．したがって，1塩基の差異を正確に読み取る必要のある多型分析や挿入・欠損分析に向いている．また，プライマーを追加して反応を実施することで，より読み取り多重度を上げてエラー校正することが可能であり，配列決定精度を向上することができる．

　おもなエラー要因については，前処理過程において，異なる配列がビー

1章 次世代シーケンサーの原理と概要

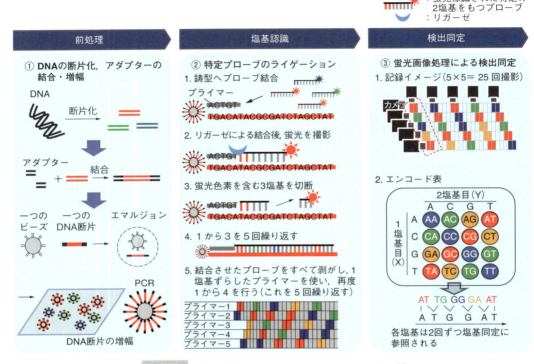

図1-6　第2世代：Sequencing by Hybridization法

ズに混入することによるエラーや，蛍光色素の除去不足によるエラーはほかの原理と共通している．また，フローセルへの結合がランダムであるため，クラスター間の距離が適当な値にコントロールできず，クラスター間のシグナル干渉が検出エラーの原因となる．

1.4.5 その他の方法

　Complete Genomics社のcPALシーケンシング法（combinatorial Probe Anchor Ligation）[8]は，「SOLiD」シーケンサーと同様のライゲーション法を用いる．装置自体は一般に販売されていないため研究室で利用できないが，ハイブリダイゼーションとライゲーションを中心としたプロセスに，前処理プロセスの工夫とナノ集積化技術を加えることによって効率的なシステムを構築し，受託解析サービスを提供している．

まず，前処理は，LFR（long fragment read）技術と呼ばれる方法により，ゲノム断片を希薄調製し，**ハプロタイプ**情報を維持して増幅する．また，DNAナノボールと呼ばれる環状DNAライブラリーを多数1チップ上に集積結合することによって，試薬コストの削減，スループットの向上を実現している．さらに，ライブラリーをメートペア（断片の両端配列）で読むこともできる．

　本方法は，Sequencing by Hybridization と同様に，1塩基レベルの解析精度が良く，ハプロタイピングが可能であることから，ヒトゲノムのSNP解析に向いている．また，前処理に必要な細胞は10細胞とされ，少数細胞からのユニークな解析ができるが，受託解析でしかサービスを利用できないこともあり，本特徴を研究室レベルで検証することは難しい．なお，Complete Genomics 社は中国のBGI社（北京ゲノム研究所）に買収されたこともあり，今後のサービス内容については最新の情報を参照されたい．

> **ハプロタイプ**
> 複数の染色体がある場合（ヒトは母系と父系の2対），一方の染色体に由来するDNA配列，構成および組合せ．

1.5　第3世代シーケンサー

1.5.1　第3世代シーケンサーの特徴

　さらなるコスト低減，高スループット，簡便化を目指した第3世代シーケンサー開発方向性は二つに大別される．まず，第2世代シーケンサーで採用されている光学系以外の検出同定原理の採用である．とくに，電気化学的な方法を用いた検出法は，高価な蛍光試薬および光学系検出装置を使用しないため，装置および解析コストの低減が期待できる．

　また，ほかの方向性としては，前処理が簡便化された，とくにPCRによる増幅を必要としない原理の採用がある．「1分子シーケンシング」は，多数の分子の平均値を計測するのではなく，DNA1分子を鋳型として1塩基ごとに反応を検出・同定する方法で，各種スペックの向上のみならず，一般的に増幅によって失われる塩基修飾解析も可能になることが期待され，既存のシーケンサーとは一線を画するものである．

　具体的には，以下のプラットフォームの原理について，詳細を解説する．

- 半導体チップによるプロトン測定法（1.5.2 参照）
- 1分子リアルタイム（SMRT）法（1.5.3 参照）
- その他の方法（1.5.4 参照）

1.5.2　半導体チップによるプロトン測定法

半導体チップによるプロトン測定法
第3世代シーケンサー．エマルジョンPCR後，逐次的に4種類の異なる塩基をそれぞれ加え，伸長時に放出されるプロトンに伴うpHの変化を電位変化として検出する．センサーを高密度にすることで，大規模な並列解析を行える．第2世代の10倍以上のスループット．

Ion Torrent 社（現 Life Technologies 社）が2010年に販売した「Ion PGM」は，第2世代の PyroSequencing 法と同様の原理を用いるが，半導体チップを用いて電気化学的な測定をする点が異なる．塩基がポリメラーゼによりDNA鎖に取り込まれる過程では水素イオン（プロトン）が放出され，この水素イオンの増減によって溶液のpHが変化する（ΔpH）．これを電位変化（ΔQ）として，半導体をベースとしたイオン感受性センサーによって検出する原理である[9]．逐次的に4種類の異なる塩基とポリメラーゼを加え，電位変化が観測された場合には測定対象に相補塩基が存在し，電位変化が観測されない場合には相補塩基が存在しないことを意味する．また，同種類の連続塩基が存在する場合は，一度に複数回の反応が進み，電位変化は塩基の連続個数に応じて等倍されるため，連増数も同定することが可能となる（ただし，一定以上の塩基が連続する場合，測定精度は減少する）（図1-7）．

本原理の特徴は，半導体技術として確立された CMOS 技術を応用しているために，1チップ上に多量のセンサーを高密度に配置することが可能であり，第2世代と同様の大規模な並列解析を実行することができる．また，ポリメラーゼによるDNA合成スピードは1塩基当たり数秒間で進むが，本方法は1秒間当たり数十回の検出が可能であり，1塩基合成に対して複数回の電圧計測ができれば，精度向上につながる．さらにコストの面でも，集積度の向上や量産プロセス改善によって大きなコスト削減を想定できる半導体チップを用いているほか，測定にも CCD カメラや高価な蛍光試薬を必要としない．また，半導体チップに計算ロジックを組み込むことにより，データ処理も高価な外部システムに依存せずに実施することが可能となる．

一方で本原理は，PyroSequencing 法に付随する各種問題が完全には解

1.5 第3世代シーケンサー

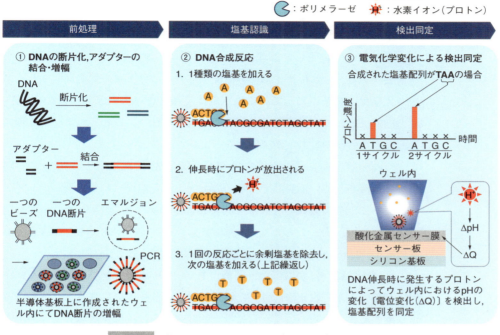

図1-7　第3世代：半導体チップによるプロトン測定法

決されていない．たとえば，5塩基以上連続するホモポリマーの同定，および欠損・挿入に関連する変異同定精度が課題とされている．また，ビーズ上でのポリメラーゼによるDNA合成反応で生成する水素イオンが，各センサーまで効率よく届かないことも解析精度の向上の課題とされている．

同方法に近い原理としては，アメリカカリフォルニア州のGenapSys社が，2014年のAGBT（Advanced Genome and Biotechnology）学会において，類似原理に基づく新型シーケンサーのプロトタイプ装置の開発に成功した旨を発表した．発表されたシーケンサーは小型デスクトップタイプで，基本原理はPyroSequencing法を用いるものの，pH変化ではない別原理に基づく電化バランス変化を測定するとされている．また，Life Technologies社と同様に多数のセンサーを集積化することができ，各センサーの検出効率を高めるために，チップの構造を中心に各種改良が重

ねられていると発表された．

1.5.3　1分子リアルタイム（SMRT）法

　これまで説明した原理は，PCRを用いて測定対象試料を増幅する必要がある．これは，すべての原理が，多数の分子間の酵素反応もしくは化学反応を基本にしている以上避けて通れないステップである．一方，増幅反応によって測定試料が正確に増幅されないこと，および前処理に必要な時間やコストが課題となっていた．

　Pacific Biosciences社が2010年に発売したDNAシーケンサーは，現在市販されている製品では唯一の1分子測定原理に基づくシーケンサーである．その最大の特徴は，PCRによるサンプルDNA断片の増幅を実施せず，また，リアルタイムで1分子を検出できるSMRT（single molecule real time sequencing）法[10]を採用している点にある．

　同方法は，ほかの原理と同様にDNAポリメラーゼによる合成反応を利用するが，蛍光修飾された塩基がポリメラーゼに取り込まれてから遊離するまでの間の蛍光物質の蛍光強度変化を近接場顕微鏡により検出する．これはZero Mode Waveguide（ZMW）と呼ばれる原理に基づき，直径数十nm，深さ100nm程度の円筒ナノ構造が集積化されたチップを使用する．それぞれの円筒ナノ構造の底部にはDNAポリメラーゼが固定されており，固定部位周辺のごく限られた超微小空間（10^{-21}）の蛍光のみ検出することにより，取り込まれた塩基をリアルタイムに同定することができる．

　前処理についてもSMRT Bellというヘアピンループ構造を作成するが，増幅の必要がなく，ライブラリー作成にかかる時間も短縮されている．また，本方法の特筆するべき優位性は，その読み取り断片長の長さである．合成されるDNA鎖が安定であるため，読み取り可能断片は平均500塩基以上であり，場合によっては10,000塩基以上の長断片を読み取ることも可能である（図1-8）．

　一方で，本装置特有の課題も存在する．まずコストについては，多数の蛍光を並列検出するための高額な並列共焦点測定システムが必要となる．また，計測システムを安定させるためには大型の土台が必要になり，

1分子リアルタイム法
第3世代シーケンサー．試料の増幅を行わない．ナノ構造内にて1分子単位でDNA合成を行い，合成伸長時に遊離するわずかな蛍光色素の変化を測定する．長く配列を読むことができる（10 kb以上も可能）が，エラー率が高い．

Zero Mode Waveguide
Pacific Bioscience社によって開発された局所蛍光励起法．微細加工により，読み取り対象のDNA配列1分子のみの蛍光分子を励起させ，溶液に存在しているほかの蛍光分子を励起させない構造をしている．

SMRT Bell
DNAポリメラーゼ反応を開始するために必要な，ヘアピン型のDNAアダプターを両末端に付加された構造をもつ．

1.5 第3世代シーケンサー

かつ出力される膨大な生データを処理するためのIT基盤も必要で，システム全体は大型で高価になる．また，収率においても，ナノ構造にポリメラーゼが機能するように固定する必要があるが，集積されている構造のうち，機能するものは3割程度と想定されている．

また，蛍光標識された塩基のナノ構造への取り込みは，単純な拡散作用に基づいており，測定対象DNAが長鎖になるにつれ効率が悪化する．また，継続的にレーザーを照射するため，タンパク質であるポリメラーゼが失活することも課題となる．精度については，第2世代シーケンサーに比べて改良余地が大きく，シングルリードの精度は80〜85％である．しかし，ポリメラーゼを含む各種改良も進んでおり，性能は年々改善されている．

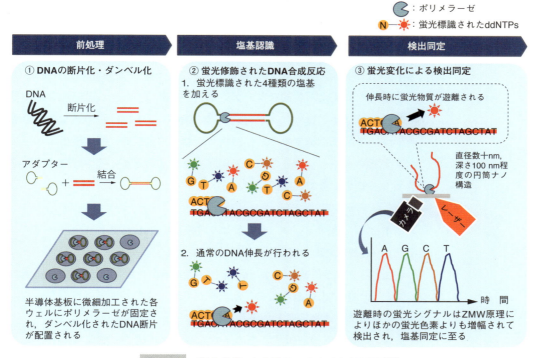

図1-8　第3世代：1分子リアルタイム（SMRT）法

1.5.4 その他の方法：1分子 HeliScope 法

1分子計測原理に基づくシーケンサーは，Pacific Biosciences 社以外にも Helicos Biosciences 社によって開発された HeliScope 法[11]が存在した．同原理は，Sequence by Synthesis 法を個別に1分子レベルで，かつ同時に多量並列処理する特徴がある．一方で，1分子レベルの化学反応を逐次的に推進するためには，サイクルごとに多量の蛍光標識物質が必要となる．PCR 増幅ステップが必要ないため，第2世代シーケンサーに比べて優位な点もあるが，効率やコストの観点から，市場に幅広く受け入れられることなく，会社は2011年に破産した．

1.6 第4世代シーケンサー

1.6.1 第4世代シーケンサーの特徴

第2～3世代のシーケンサー開発によって，より安価で，より高速で，より精度の高い解析が可能になるなか，さらなる性能向上を目指して新しいタイプの技術開発が進んでいる．とくに，NHGRI（アメリカヒトゲノム研究所）が1000ドルゲノムプロジェクトの助成対象として，継続的に研究開発をサポートしているナノポアシーケンシングは，1000ドルの目標を超えた革新的なシーケンサーの創出につながる可能性を秘めている．ナノポアシーケンシングとは，DNA1分子だけが通過できる構造（ポア）を塩基認識プロセスに活用し，おもに電気的に同定検出する新しい原理のシーケンサーである．発展途上ではあるが，その特徴的な優位性は次のとおりである．

1. 1分子解析のため PCR などの増幅処理が不要であり，前処理に必要な時間は数時間程度へ短縮できる．
2. ポリメラーゼ，リガーゼを用いた DNA 合成反応が不要で，数十 kb 以上の断片長の読み取りが可能．また，画像処理のための複雑な情報処理を必要としない．
3. 対象を直接解析するため，蛍光標識が不要で，試薬コストを大幅に抑えることが可能．また，メチル化などの DNA 修飾情報

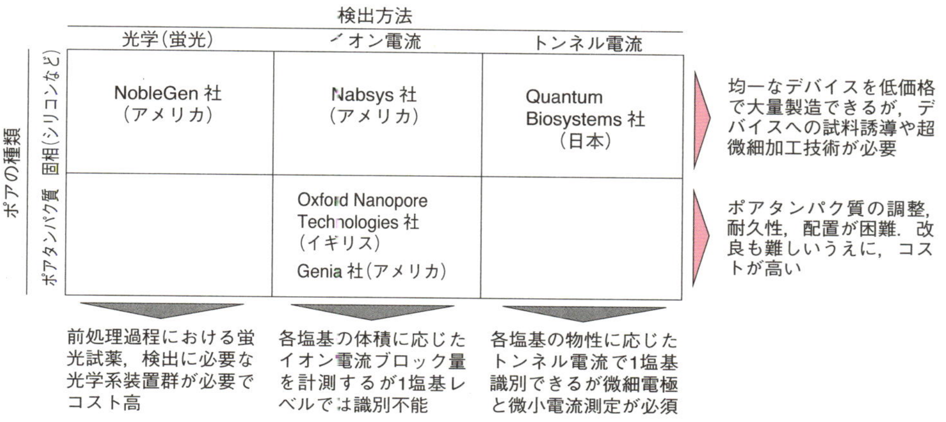

1.6 第4世代シーケンサー

	検出方法		
ポアの種類	光学（蛍光）	イオン電流	トンネル電流
固相（シリコンなど）	NobleGen社（アメリカ）	Nabsys社（アメリカ）	Quantum Biosystems社（日本）
ポアタンパク質		Oxford Nanopore Technologies社（イギリス） Genia社（アメリカ）	

→ 均一なデバイスを低価格で大量製造できるが，デバイスへの試料誘導や超微細加工技術が必要

→ ポアタンパク質の調整，耐久性，配置が困難．改良も難しいうえに，コストが高い

- 前処理過程における蛍光試薬，検出に必要な光学系装置群が必要でコスト高
- 各塩基の体積に応じたイオン電流ブロック量を計測するが1塩基レベルでは識別不能
- 各塩基の物性に応じたトンネル電流で1塩基識別できるが微細電極と微小電流測定が必須

図1-9 第4世代：開発中のナノポアシーケンサーの分類

および定量情報を取得できる．
4. 電流解析で検出する場合は，複雑な検出装置が不要（例：CCDカメラ，レーザーなど）で，装置コストの削減とともに装置の小型化が可能．

一方で，第4世代シーケンサーが第2～3世代のシーケンサーと同様に実用的なプラットフォームとして使用されるために解決すべき課題は，1塩基レベルの解像度，モーションコントロール（充填や速度制御），およびスケーラビリティ（並列化）である．なお，第4世代シーケンサーの開発は，日進月歩の領域であり，詳細については最新の学会発表やホームページなどを参照してほしいが，同分野は大きく分別すると，ナノポアの種類と測定原理の二つの軸によって分類することが可能である（図1-9）．

1.6.2 タンパクナノポア法

イギリスのOxford Nanopore Technologies社では，DNA1分子が通過できる膜貫通タンパク質のポア構造を利用し，体積の異なる各塩基がポアを通過する際のイオン電流値の変化を計測する原理の実用化を進めている[12]．また，2012年にアダプタータンパク質を組み合わせる**ストラ**

タンパクナノポア法
第4世代シーケンサー．DNA分子がタンパクナノポアを通過する際の各塩基の体積に応じた電流を測定する．6連続塩基に対応するイオン電流変化をもとに配列を同定を行う．

1章　次世代シーケンサーの原理と概要

ストランドシーケンシング
Oxford Nanopore Technology 社によって開発された1本鎖配列決定法．アダプタータンパクによって，1本鎖に解離されたDNAが膜貫通タンパク質を通過する際に生じる，塩基体積の差異によるイオン電流の変化を検出し，塩基配列を決定する．

ンドシーケンシングという原理に基づく「MinION」と呼ばれる超小型シーケンサー開発をAGBT学会で発表し，業界から大きな注目を集めたが，装置の詳細スペックについては明確にされていない．また2014年のAGBT学会での関連グループの発表内容からは，1塩基レベルでの解像度はなく，6連続塩基に対応するイオン電流変化をもとに塩基配列を同定しており，配列決定精度に関しても詳細は公表されていない．

同原理では，膜貫通タンパク質の優れた分子認識能力やアダプタータンパク質による効率よい補足ができる一方，膜タンパク質は高密度化および収率に限界があるといわれている．また，進化の過程で蓄積された生体分子機能を改良するにはマージンが少なく，機械的耐久性や生物学的安定性などの課題も残ると考えられている．

同じくタンパク質のポア構造を用いた別アプローチとして，アメリカのGenia社は，「Nano SBS」と呼ばれるプラットフォームを開発している．

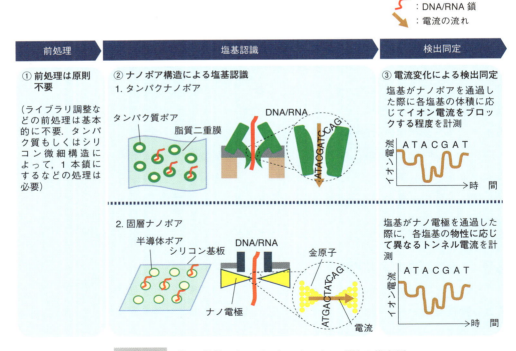

図1-10　第4世代：ナノポアシーケンシング法の代表例

通常塩基によるイオン電流変化の測定では，1塩基レベルの識別が困難であることから，かさ高い化学構造をもつタグ分子を活用して解像度を向上させている．これは，タンパクナノポアにDNAポリメラーゼを固定し，相補鎖が合成される際に塩基に修飾結合されているかさ高いタグ分子（PEG）が遊離され，同タグ付き塩基がイオン電流をブロックする変化率から塩基同定する（図1-10）．一方で，タグ付き塩基の取り込み効率など詳細については不明な点も多い．

1.6.2 固相ナノポア法

タンパク質を用いるタンパクナノポアに対して，シリコン基板などの固相構造を採用する方法が提案されている．過去には，半導体メーカーのIntel社，Samsung社などが同原理の実用化に取り組んでいたが，おもだった成果は発表されていない．また，IBM社がRoche社と協同開発をしていた「DNA Transistor」は，シリコン基板のポア構造によって，DNAの通過速度制御と検出を同時に実現することを目標としていたが，2013年には提携解消を発表している．

そのような状況のなか，日本国内では固相構造とトンネル電流検出に基づく原理[13]の開発が，大阪大学と同大学発のベンチャー企業クオンタムバイオシステムズ社によって進められている．トンネル電流とは量子物理学の世界の現象で，二つの物質が，非常に近接した場合に流れるピコアンペアレベルの微小電流である．同原理は1塩基レベルの解像度をもつことが大阪大学の研究グループにより証明されており，また修飾塩基も通常の塩基と判別できるなどの特徴的な性質をもつ（図1-10）．

なお，固相ナノポアのカテゴリでは，アメリカのNabsys社によるプローブ分子をハイブリダイズさせたうえでイオン電流変化を計測する原理や，アメリカのNoblegen社によるプローブ分子とハイブリダイズしたDNAが固相ナノポアを通過する際の蛍光変化を検出する方法も考案されているが，実用化に向けた詳細は明らかになっていない．

固相ナノポア法
第4世代シーケンサー．DNA分子がナノ電極を通過する際の各塩基の物性に応じたトンネル電流を測定する．1塩基レベルの解像度をもつが，DNA分子の通過速度の制御と検出を同時に行うことが難しい．

1.7 次世代DNAシーケンサーの各種用途

　高スループットで安価に配列が解析できるDNAシーケンサーの登場によって，そのアプリケーションは急速に拡大している．たとえば，微生物や動植物の新規ゲノム解析，モデル動物などのゲノム配列が決定されている生物種のリシーケンス（再シーケンス），エクソンなど領域を絞って読むターゲットリシーケンスといった用途のほか，発現量を網羅的にカタログ化するRNAまたは短鎖RNAシーケンス，多種生物由来のDNAが含まれるサンプルを同時解析するメタゲノム解析など，その用途は拡大し続けている．また，従来はマイクロアレイなどの解析手法が担っていた用途についても，近年は高スループットで低価格のDNAシーケンサーで解析が可能になってきている．本節では，これまでに説明した原理の差異，とくにリード長およびスループットなどの特徴が，どのようにアプリケーションへの適性に関連するかをまとめる．

1.7.1 スループットとリード数

　ヒトなどサイズの大きいゲノム配列解析を実施する際には，高スループットであり，1塩基当たりの解析コストが決定要因になる場合が多い．とくに，変異解析などを行う場合には，同一部位を数十回重複して読み取ることにより，精度を向上させる方法が一般的で，多数のリードを得ることが必須となる．これらの用途で一般的に，市場に浸透している機種は，Illumina社のSequencing by Synthesis法のハイエンド機である「HiSeq」シリーズである．同装置は，超並列化により，大量の塩基配列を高速に解析できるため，1塩基当たりの配列決定コストが安価で，精度や断片長についても各種改良が進み，現在では*de novo*シーケンス（新規シーケンス）も可能となった．

　限られた部位のリシーケンスやゲノムサイズの小さい生物のゲノム配列解析を行う場合には，リード数が比較的少なくても実施可能である．最近は，各種リファレンスデータベースが充実化してきたこともあり，限られた領域を対象とするエクソーム解析や発現量解析などの需要も多い．第2世代シーケンサーのなかでも，Sequence by Hybridization法の

1.7 次世代 DNA シーケンサーの各種用途

「SOLiD」は，置換変異や indel 変異の同定精度が優れている．同原理は，リファレンス配列に基づいてエンコード表で配列を決定するために，*de novo* シーケンスには向いていないが，リシーケンスの場合は，決定精度が高いことから，とくに 1 塩基多型の解析には向いているといわれる．

また，細分化されるニーズに基づき，処理量が比較的低くともコストが低く，1 ラン当たりの時間が短い装置として，新たにデスクトップ型という分類のシーケンサーが普及してきている．代表的な装置は，Illumina 社の「MiSeq」や Life Technologies 社の「IonTorrent PGM」，Roche 社の「GS junior」である．最近では，大型とデスクトップ型の中間スペックとなる機種の開発も進んでおり，Illumina 社は，「MySeq」と「HiSeq」の中間機種として「NextSeq」の発売を発表した．「MiSeq」は全ゲノム配列の決定には向かないが，「HiSeq」では大規模すぎるというニーズに応える位置であり，どのようなかたちで普及するか興味深い．

1.7.2 リード断片長

リード断片長は各原理によって大きく異なる．ゲノム解析を実施するためには，アセンブルという断片長をつなぎ合わせる情報処理が必要になり，短い断片長では繰り返し配列や相同配列を正しくアセンブルすることができない．したがって，リファレンス配列が存在しない *de novo* シーケンスや，ゲノム構造多型を解析する場合には，断片長が長い解析法が必須となる．

第 2 世代シーケンサーのなかでは，PyroSequencing 法は比較的リード断片長が長く（数百塩基），また配列決定精度も優れていることから，*de novo* シーケンスに向いており，リシーケンスの用途でも多様な変異の検出が可能である．ただし，リード断片長に関しては，Pacific Biosciences 社の SMRT 法に基づく「PacBio RS」は，他社と比較しても 10〜1000 倍ほど長断片を読むことができ，リード断片長の優位性は突出している．染色体のなかでも繰り返し配列が多いセントロメアの配列や，まだ明らかになっていない構造多型を解析するには，実質的に唯一の DNA 解析装置となっている．

1.8 今後の動向

　DNAシーケンサーの原理は，過去10年間に大きく様変わりした．今後も，新しいシーケンシング原理の登場のみならず，ニーズの違いによって市場が細分化され，特定の用途に絞ったシーケンサーが開発されることが想定される．また，いくつかの異なる特徴をもったシーケンサーを組み合わせて使用することが，ユニークな研究を推進するにあたって大事だとの認識が一般的になってきている．さらに，1細胞分離を可能にする前処理技術など，シーケンシング上流過程での技術開発が進んでおり，網羅的な1細胞シーケンシングなどの統合プラットフォームの開発が望まれている．

　シーケンサーの選定にあたっては，シーケンサー単体での比較のみならず，下流の情報処理アルゴリズムと情報処理を実施するためのITインフラ，および維持コストが全体の性能評価にあたって重要な位置を占めている．近い将来，装置や試薬のコストよりも，下流の情報処理コストやITインフラの維持コストが主要なコスト要因になる可能性もある．

　次世代シーケンサーの技術進展は非常に早く，今後も新規要素技術の開発，また，その新旧の要素技術の組合せによる，革新的な解析法が開発されるであろう．また，新たな技術が，臨床応用をはじめとする新たな用途に使用されることによって市場が拡大し，大きな経済的および臨床的インパクトに繋がることを期待したい．

◇文　献◇

1) F. Sanger et al., *Proc. Natl. Acad. Sci. USA*, **74**, 5463 (1977).
2) F. Sanger et al., *Nature*, **265**, 687 (1977).
3) E. S. Lander et al., *Nature*, **409**, 860 (2001).
4) J. C. Venter et al., *Science*, **291**, 1304 (2001).
5) "Disruptive technologies: Advances that will transform life, business, and the global economy," McKinsey & Company (2013).
6) D. A. Wheeler et al., *Nature*, **452**, 872 (2008).
7) R. R. Bently et al., *Nature*, **456**, 53 (2008).
8) R. Drmanac et al., *Science*, **327**, 78 (2010).
9) J. M. Rothberg et al., *Nature*, **475**, 348 (2011).
10) J. Eid et al., *Science*, **323**, 133 (2009).

11) D. Pushkarev et al., *Nat. Biotechnol.*, **27**, 847 (2009).
12) J. Clarke et al., *Nat. Nanotechnol.*, **4**, 265 (2009).
13) T. Oshiro et al., *Scientific Report.*, **2**, 501 (2012).

本蔵　俊彦（ほんくら　としひこ）
1974年東京都生まれ．東京大学大学院新領域創成科学研究科博士課程中途退学．Columbia大学経営修士課程（MBA）修了．現在クオンタムバイオシステムズ株式会社代表取締役社長．

PART 1 次世代シーケンサーの基礎

2章 次世代シーケンサーと未来の予防医療

岡田　浩美・伊藤　昌可・林﨑　良英

2.1　医療における次世代シーケンス技術の利用

　近年の飛躍的な次世代シーケンス技術の発達は，高速にシーケンスを行うだけではなく，遺伝情報を解析する手法にさまざまな可能性をもたらした．さらに，ゲノム DNA, RNA，トランスクリプトーム，プロテオーム，メタボローム解析，および代謝物などの生体分子の情報を系統的に収集して解析するオミックス科学の驚くべき進展により，医学分野の領域も「従来の治療医学」から「予防医学・健康医学」へ，すなわち「疾患の治療を目指す医学」から「疾患の発症を阻止または遅延させて健康寿命を延伸させるヘルスケア」を目指す領域へと急速に展開している．

　1992 年，林﨑らはゲノム DNA 解析の有効な手法として，制限酵素の切断部位をランドマークとして，ゲノム上の多数の位置を一枚のフィルム上に表す RLGS（restriction landmark genomic scanning）法を開発した．当時，この方法は適当な制限酵素を選択することにより，CpG island や DNA メチル化をスキャンニングすることができるため，遺伝子疾患の遺伝子マッピング，ゲノムインプリンティング，がんのエピジェネティクスなどに活用されてきた．しかしながら，RLGS 法は基本的に手作業で行われるため，作業が長時間に渡る．しかも，RI（放射性同位元素）を

使用する必要があり，実験が特定の施設に限られるという問題があった．

そこで，理化学研究所オミックス基盤研究領域とその前身のゲノム科学総合研究センター遺伝子グループは，設立された理研横浜研究所において，RISAシーケンサーを開発した．これにより，理研横浜研究所は次世代シーケンス技術が登場した当初より，各種類の次世代シーケンス技術をベースとしたオミックス科学を推進する日本で最初のゲノムセンターとなった．そこでは，トランスクリプトーム，プロモトーム，ネットワーク解析を目的とした，世界で最も長い歴史をもつ国際研究コンソーシアム「Functional Annotation of Mammalian Genome (FANTOM)」が結成され，独特の路線と研究分野を開拓し，世界の遺伝子情報解析の領域を牽引してきた．

目覚しい性能の向上に伴って，最近では国内の大学の研究機関でも次世代シーケンサーが導入されており，ヒト全ゲノムシーケンスなど，オミックス科学のアプローチが可能となってきている．とくに，大学病院などの医療現場において，がん分野や生殖細胞変異による遺伝疾患に対する，次世代シーケンス技術を活用した**クリニカルシーケンス**に注目が高まっている．ゲノムDNA解析による疾患のリスク因子に基づいた診断や治療選択が取り入れられ，さらには遺伝子産物であるRNA解析による疾患のモニタリング，予後予測も可能になりつつある．

一方，世界に目を向けると，欧米の大学や病院では，すでにクリニカルシーケンスが診療業務の一つとして取り入れられており，今後日本国内においても，医学研究のみならず，臨床応用も含めたライフサイエンス全体における次世代シーケンス技術の重要性がさらに高まることは明らかである．次世代シーケンスを直接臨床応用する臨床シーケンス技術，それらから得られるバイオマーカーを医療現場で検出する検査技術に焦点を当て，独自の新技術を研究・医療応用へ転換させることが必要であると考える．

本章では，独自の着眼点に基づいた次世代シーケンス技術の活用によって展開してきた，筆者らの国際FANTOMコンソーシアムの活動の歴史，その活動から明らかとなったRNAの多様な機能と可能性を紹介する．また将来に向けて，次世代シーケンス技術によるRNA解析を応

クリニカルシーケンス
臨床における遺伝疾患診断に用いることを目的として，ゲノムシーケンスを行うこと．

用した新規バイオマーカーの探索，新規検査技術，それらを用いたトータル的な新規診断システムがもたらす，未来医療「6P 医療」（2.6 節参照）による健康寿命延伸の実現化に向けての展望を示す．

2.2　日本の FANTOM の歴史と RNA 新大陸の発見

2.2.1　完全長 cDNA プロジェクト

1990 年に国際ヒトゲノムコンソーシアムによって開始された「ヒトゲノム計画」は，2003 年をもって完了した．ゲノム上の機能領域を知るには，ゲノムシーケンスだけでなく転写産物（トランスクリプトーム）の大規模解析が不可欠である．1995 年より筆者らは，成熟化した RNA の全長塩基配列を完全なかたちで解析するための完全長 cDNA 技術を開発し，それを用いてトランスクリプトーム（RNA）解読を行ってきた．

2.2.2　FANTOM の活動とその歴史

収集したヒトの完全長 cDNA データの機能注釈づけを目的とした共同研究を呼び掛け，2000 年に 11 か国 45 機関によって FANTOM コンソーシアムが結成された．これまでに 5 段階のプロジェクトが完了し，現在 6 段階目へとプロジェクトは進行中である．FANTOM1 と 2 では，総計 60,770 個の完全長 cDNA クローンを対象に全長配列決定と機能注釈付けを実施し[1-3]，続く FANTOM3 では，総計約 103,700 個の完全長 cDNA の機能注釈が行われた[4]．数年前のヒトゲノムでは，タンパク質の設計情報がコードされている領域は全体の 2％ 程度とされ，生物にとってゲノム上の重要な情報は，タンパク質のアミノ酸配列情報とプロモーターなどの発現調節領域情報であり，それ以外の部分は意味をもたない塩基配列の連続であると信じられていた．

しかしながら，FANTOM データベースの解析により，ゲノム DNA の 70％ 以上が転写され，タンパク質をコードしていない RNA（non-coding RNA; ncRNA）が大量に存在していることが明らかとなった[4]．さらに，近年の飛躍的な RNA 研究の進展によって，かつては意味をもたない転写産物または転写の際に生じたジャンクと考えられてきた多くの

ncRNA は，実際にはヒトの生命活動において重要かつ多様な機能をもち，ゲノムは総体として働いているという，新たなゲノム観が誕生した．ncRNA 機能を解明する研究は，いままでタンパク質のアミノ酸配列を有する遺伝子の違いでは説明できなかった生命の発生・分化，発症原因が不明とされている多くの疾患について，そのメカニズムを包括的に解明する可能性を秘めている．また，機能性 RNA の研究についても，早期診断のためのバイオマーカーへの応用や，その多様な機能を利用した新しい医薬品開発や再生医療技術を含めた医療分野へ応用されることが今後さらに期待される．

2.3 次世代シーケンス技術のターゲット：2種類の核酸バイオマーカー(ゲノム DNA と RNA)

　ヒトのゲノム DNA 配列は，個々の体型，体質，薬の効き方など，ヘルスケアに関わる重要な形質のリスク因子を決定している．医療現場においても，ゲノム DNA 解析などの遺伝子解析検査が広く普及しはじめている．そして，解析した個人のゲノム配列の違いに基づいて，個人の疾患リスク因子を検査し，診断に応用して，予防的治療を行う傾向が高まってきている．

　ゲノム DNA に生じる変異には，受精卵のもつ変異を遺伝的に受け継いでいる生殖細胞変異と，発生時に体細胞に変異が生じる体細胞変異がある．生殖細胞変異では，ゲノム DNA は受精卵の段階から決定論的に決まっており，その個体が疾患にかかるリスクに関する情報が抽出できる．いわゆる体質といわれる部分であり，生涯においてどのような疾患に罹りやすいのか，もしくは罹りにくいのか(疾患リスク)を決めている．一方で，体細胞変異は，個体が発生したあとで体細胞に生じる変異であり，ほとんどの場合がん細胞で見いだされる．

　一方で，生殖細胞変異から起こる遺伝子活性の変化により，経時的に遺伝子産物が産生されるネットワークのバランスに擾乱が起き，現在の個体のなかで起こる疾患の進行度，発症前の状態からの発症予測，さらには，どの経路が活動変化しているかなど，予後予測に至るまでのさま

ざまな情報は，ゲノムDNA配列から抽出することはできない．そこで，今後期待される核酸バイオマーカーとして，遺伝子転写産物のRNA解析への関心が高まっている．

図2-1に示すように，遺伝子にはエクソン1（Exon1）が平均10個以上あり，同じ遺伝子から産生されるRNAの転写開始点は，異なる転写因子のネットワーク（転写因子と転写調節非タンパクコードRNA）により調節されている．そのため，活動している転写因子ネットワークは，プロモーターマーカー（エクソン1マーカー）により直接的に検出できる．とくに，選択的スプライシングが多数みられる遺伝子は，下流のエクソンをプローブにした従来のマイクロアレイなどでは，転写因子ネットワーク活性を計測することができない．一方，転写開始点部分のエクソン1マーカーは，実際に細胞の形質を定義しているネットワークの活

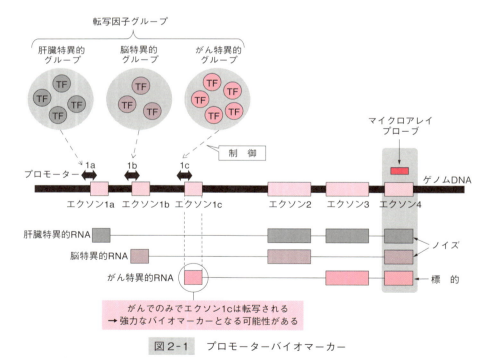

図2-1　プロモーターバイオマーカー

遺伝子には複数のプロモーター領域が存在し，転写因子グループが細胞の形質を決めている．それぞれの転写因子グループは特異的なプロモーターを制御するが，従来のマイクロアレイでは特異的なRNAをとらえることができない．TF：転写因子．

2.4 次世代シーケンス技術によるゲノム DNA 解析が与える医療へのインパクト

表 2-1 ゲノム DNA と RNA のバイオマーカーの違い

核酸バイオマーカー		特徴	医療への応用
ゲノム DNA	疾患リスク因子	・生殖細胞 DNA と体細胞 DNA がある. ・受精したときから決まっていて個々の体質を決定. ・エピジェネティクス機構によりゲノム修飾を受ける. ・疾患の原因遺伝子や感受性遺伝子解析により疾患リスクがわかる.	がんのリスク因子を保有する場合は, 定期健診を受けるなどの対応をすることでがんの早期発見につながる.
RNA・タンパク質などの遺伝子産物	病態モニタリング	・体の変化に応じて発現する RNA の種類や量が変わる. ・RNA の発現パターンは発症前の体の変化を敏感に反映. ・発症直後から疾患の進行度を調べる指標になる.	早期診断, 治療効果の評価, 予後予測が可能.

性を直接反映しているため, 新規のバイオマーカーとなる可能性が高い. さらに, プロモーターの計測を行い, 発症直後から病態進行をモニタリングすることで, 早期診断や適切な治療の選択, 治療効果の判定, 予後予測が可能となる (表 2-1).

2.4 次世代シーケンス技術によるゲノム DNA 解析が与える医療へのインパクト

個人の臨床データと SNP (single nucleotide polymorphism, 一塩基多型) などのゲノムバリエーション情報を用いて行う, Genome-wide association study (GWAS) や連鎖解析によって, 疾患因子を同定する研究が急速に進んできた. 一つの遺伝子の変異が発症の原因となる単一遺伝因子疾患だけでなく, 糖尿病などの生活習慣病のような多因子疾患の原因遺伝子も次つぎと同定され, 研究レベルでは年間 3 万人以上のゲノムが解析されている.

遺伝子多型検査は個別化医療に非常に有用であり, 医療経済にも大きな影響を与えるために, 個別化医療が普及することへの期待は大きい. 薬剤感受性に関連する遺伝子を調べることにより, 投薬前に薬剤治療に対する応答性がわかるため, 最適な薬剤を選択することが可能となり, 副作用の予測・防止にもつながる. また, 放射線治療に対する感受性も遺伝子多型によって異なることが明らかにされており, 関連する遺伝子

多型を検査することによって，放射線障害の発症を防ぐことができる．

しかしながら，遺伝子はすべての表現形質において支配的ではなく，疾患リスクにおいても，環境因子に大きく影響されることが多い．単一因子性疾患以外の疾患リスクは，複数の遺伝子の違いや環境因子がエピジェネティクス機構（DNAメチル化，ヒストン修飾，クロマチン制御）に与える影響が疾患発症に大きく関与するため，遺伝子変異を受け継いだ場合でも，生涯で実際に症状が現れる割合（浸透率）は低い．たとえば，浸透率30％の疾患では，遺伝子変異を受け継いでいるヒトに生涯で症状が現れる割合は30％であり，70％は発症しない．したがって，遺伝子多型検査を本当の医療につなげるためには，① その遺伝子多型によって疾患が発症する分子メカニズムが明らかになってきている，いいかえれば，多型のある遺伝子が関与する分子メカニズムが明らかな疾患は，その多型を調べることにより確定的な診断ができること，② 疾患発症との関連性を示すための研究に，大規模な集団（数十万～数百万人）の遺伝子情報が使用されており，明らかに統計的な優意性があること，③ 遺伝子変異と表現形質の違いには人種差による遺伝的背景の分布差が大きく関わるため，関連解析に用いられている集団には人種が考慮されていること，が重要である．ゲノムDNAから得られる情報は，生涯で必ず症状が現れる浸透率100％の単一遺伝子疾患のような明らかな疾患原因遺伝子以外は，その疾患になりやすいかどうかの「リスク」であり，「確定診断」ではないことを理解しておくことが重要である．

がんの体細胞変異は，がんの性質（薬剤への反応性，転移能，予後など）を支配しているため，生殖細胞変異とは異なる解釈が必要である．これまでに，およそ140種類のがんに関係する遺伝子変異（Mut-driver gene）が同定されている．既知のdriver geneは，「細胞の運命決定」，「細胞の生存」，「ゲノムの維持」の三つの主要な細胞過程を制御しているさまざまなシグナル経路を介して機能している[5]．これらのがん遺伝子変異に加えて，エピジェネティクスの異常が転写制御ネットワークの破綻を引き起こし，「細胞分裂周期の暴走」，「接触阻止能の破綻」，「転移能」，「浸潤能」など，多様ながんの性質，病態を引き起こす原因となっている．そのため，今後がん患者の治療を適切かつ総合的に管理するためには，

次世代シーケンス技術を活用した全ゲノム DNA 解析のみではなく，近年 FANTOM5 として発表した 185,000 個のプロモーター[6]と，44,000 個のエンハンサー[7]を通じた，遺伝子制御ネットワーク（プロモータープロファイリング，**RNA プロファイリング**）を解析することによって，将来のがん医療分野において，新たな診断方法が確立されることが期待される．

がん遺伝子解析ならびに転写制御ネットワーク解析が，がんの診断に加わることによって，従来の臓器別病理診断によるがん分類から，診療科（臓器）横断的ながん分類をすることができる．これにより薬剤適用が広がり，次世代シーケンス技術を活用した解析結果に基づく薬剤選択にシフトする可能性が大きい．

RNA プロファイリング
網羅的にシーケンシングすることにより，ゲノム上の転写開始点（プロモーター）や RNA の発現パターンを明らかにすること．

2.5 RNA 解析による医療への新たなアプローチ

2.5.1 CAGE 法（cap analysis gene expression）と次世代シーケンス

いろいろな階層で制御され，細胞レベルで特異的に発現する何万もの遺伝子に由来するトランスクリプトームの特性を包括的に解明するには，個々のトランスクリプトームの複雑さを明らかにしてくれる新しいアプローチ方法で取り組む必要がある．前述のように，プロモーター活性を計測できることはきわめて重要である．これを満たす新たな解析手法として，転写開始点や転写終了点を網羅的かつハイスループットに同定できる「Cap Analysis of Gene Expression（CAGE）法」が開発され，完全長 cDNA 技術だけでは得ることができない新たな知見が数多く得られた．

CAGE 法は，完全長 cDNA の 5′ 末端を選択的に濃縮して，配列情報とともにその発現量をリード数としてカウントする方法である．以前は完全長 cDNA の 5′ 末端にⅢ型制限酵素の認識サイトを有するアダプターをライゲーションさせ，これを認識する制限酵素（*Eco*P15I）による消化で 5′ 末端由来の短いタグを調製し，次世代シーケンス解析を実施していた．しかしこの方法では，PCR による増幅バイアスやⅢ型制限酵素

消化バイアス，ライゲーションバイアスなど，複数の要因によりもとの発現量プロファイルを反映することが難しかった．これらのバイアスを解消する試みとして，Helicos 社製「Heliscope 1 分子シーケンサー」にCAGE 法を応用したところ，非常に高い定量性と再現性をもつ CAGE タグを得ることができた．この方法は最新の FANTOM5 プロジェクトの基幹技術として採用され，*Nature* 誌などで発表された．

残念ながら，「Heliscope 1 分子シーケンサー」は，Helicos 社の倒産によりすでに入手不可能かつ稼働できない．そこで，illumina 社シーケンサーで可能な限り再現する努力をした結果，PCR 増幅や III 型制限酵素消化を排除した CAGE 解析が可能となっている．

2.5.2 転写因子ネットワーク解析：Basin Network

FANTOM データベース解析により膨大な数の新規 RNA が見つかり，その数はいまだ増えつつある．さらには，その発現制御についても転写因子ネットワークが解明される新時代に入った．細胞の形質を維持する転写因子ネットワークが，自律的安定性を保つようになっていることから，疾患による正常な細胞形質の維持を行うために，転写因子のネットワークを介して発現制御に影響がある RNA を，新規バイオマーカー候補として抽出することが可能となったのである．

筆者らは，FANTOM の活動において，次世代シーケンス技術と CAGE 法を組み合わせて，遺伝子発現プロファイルを取得する方法を確立した．この技術を軸とし，ヒト急性骨髄性白血病の細胞株である THP-1 細胞の単芽球様細胞から，単球様細胞への分化モデルを用いて，細胞分化におけるプロモーターレベルでの動的転写制御ネットワークの構築に世界ではじめて成功した[8]．このネットワーク解析で，筆者らは独自の概念である「Basin Network」を提唱した．細胞が一定の形質を維持するためには，それを制御する限られた数の転写因子と ncRNA がネットワークを形成し，ポジティブフィードバック，ときにはネガティブフィードバックをかけながら制御し合うことにより，核内で一定の濃度をつくっている．この安定したエネルギー状態を「Basin Network」と名づけた．

いったんこのネットワークを形成すると，細胞はその限られた数の転写因子などの制御因子濃度で，末梢遺伝子をコントロールする．この転写制御ネットワーク解析より，細胞分化は少数のマスター遺伝子により制御されているのではなく，複数の転写因子が協奏的に役割を果たすことによって達成されることが明らかになった．また，筆者らが開発したプロモーターレベルでの動的転写制御ネットワーク解析手法は，転写制御に関するいっさいの情報を必要とせず，実験データのみから転写制御ネットワークの高度な推定を可能にした．

この手法を応用すれば，標的細胞への分化を人為的に制御できる可能性が広がり，再生医療にも貢献することが期待できる．また，これらの転写制御ネットワークを解析することで，疾患のモニタリングに疾患組織（パーキンソン病，アルツハイマー病などでは脳組織）以外の白血球を使用して，ネットワークの維持のバイアスを計測することができる．このような，新規バイオマーカーとそれを用いた検査診断システムが，未来の医療体制に重要な「先制医療」に変貌させるポテンシャルをもつ．

2.6 次世代シーケンス技術を駆使した未来医療構築に向けての展望

日本の少子高齢化がGDPにまで影響を与えはじめ，日本が抱える最大の社会問題になっている．将来の超少子高齢化社会に向け，健康寿命を伸ばして生産労働人口の低下を防ぎ，国民が尊厳をもって健康に生活できるQuality of Life (QOL) を向上させるためには，発症した病気を治療するだけではなく，発症前に予防・予測したり (preventive medicine: 予防医療, predictive medicine: 予測医療)，治療介入したり (preemptive medicine: 先制医療)，発症初期に個人にあった薬や治療法を選択する (personalized medicine: 個別化医療) ことが重要である．それらは，医師など医療従事者だけでなく，患者とその家族，研究者も含めて，協力してはじめて実現できる参加型の医療 (participative medicine) の形態が大切である．さらに，検査結果をすぐにだせるポイント・オブ・ケア (point of care) 技術の必要性も明らかである．次世代シーケンサーの登場と革

新的な活用により，今後のライフサイエンスはさらに急速展開し，未来医療「6P医療」のトータルヘルスケアが現実のものとなることを期待する．

◇文　献◇

1) J. Kawai et al., *Nature*, 409, 685 (2001).
2) E. S. Lander et al., *Nature*, 409, 860 (2001).
3) Y. Okazaki et al., *Nature*, 420, 563 (2002).
4) P. Carninci et al., *Science*, 309, 1559 (2005).
5) B. Vogelstein et al., *Science*, 339, 1546 (2013).
6) The FANTOM Consortium and the RIKEN PMI and CLST (DGT), *Nature*, 507, 462 (2014).
7) R. Andersson et al., *Nature*, 507, 455 (2014).
8) H. Suzuki et al., *Nat. Genet.*, 41, 553 (2009).

岡田　浩美（おかだ　ひろみ）
1979 年生まれ．2007 年名古屋大学大学院医学系研究科博士課程修了．博士（医療技術学）．現在，理化学研究所予防医療・診断技術開発プログラム連携促進コーディネーター．

伊藤　昌可（いとう　まさよし）
1968 年愛知県生まれ．1995 年岐阜大学大学院連合農学研究科博士課程修了．博士（農学）．現在，理化学研究所予防医療・診断技術開発プログラムコーディネーター．おもな研究テーマは「シーケンス技術開発と応用」．

林﨑　良英（はやしざき　よしひで）
1957 年大阪府生まれ．1982 年大阪大学医学部卒業．医学博士．現在，理化学研究所予防医療・診断技術開発プログラムプログラムディレクター．おもな研究テーマは「オミックス科学と医療」．

PART 2

次世代シーケンサーの利用例

医学(3, 4章), 環境微生物学(5章), 植物学(6章), 海洋生物学(7章), ゲノム科学(8章), 微生物学(9章), 進化生物学(10章), 合成生物学(11章), 農学(12章)といった幅広い分野について, 利用例を紹介する. 実際の研究事例に触れることで, 次世代シーケンサーを導入することがいかに有効であるかわかるだろう.

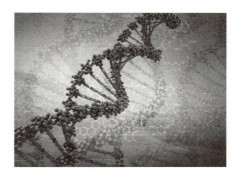

PART 2 次世代シーケンサーの利用例

3章 感染症研究への次世代シーケンサーの応用

中村　昇太・飯田　哲也
中屋　隆明・堀井　俊宏

NGSで何が変わった？
次世代シーケンサー

導入前 before
- 病気になった際の血清診断やPCR診断などは，想定内の病原体を検査するのには有効である
- ウイルスの単一ゲノムに基づく遺伝子解析を行い，同定する
- 特定の遺伝子に基づいて細菌のタイピングを行う

導入後 after
- メタゲノム解析によって網羅的に検体中のゲノムを調べ，**病原体の候補**を絞り込むことができる
- ウイルス集団の**経時的な遺伝子変異**の解析ができる
- **全ゲノムレベル**での細菌のタイピングや比較ができる

3章　感染症研究への次世代シーケンサーの応用

3.1　感染症研究における新たな展望

　近年，コウモリやブタなどの病原体がヒトに感染する，新興感染症が報告されている．感染症に対する血清診断やPCR（polymerase chain reaction）診断などの従来の方法は，想定内の病原体に対しては有効であるが，想定外の未知病原体に対しては無力である．しかしながら，次世代シーケンスを用いた患者検体のメタゲノム解析によって迅速かつ網羅的に病原体を探索することが可能となってきた．

　次世代シーケンサーのもつ能力は病原体の基礎研究でも新たな展開を見せている．病原体は宿主の免疫応答を回避するため，種々の抗原型の異なるバリアント（遺伝子型）を進化させてきた．生物学的に同種と分類されていても，その感染性や病原性は多様であり，通常は血清型により分類されている．たとえば，2009年にメキシコのブタから見つかった新型インフルエンザウイルスは，1918年に世界的に流行したスペイン風邪の病原体と同じ血清型のH1N1に分類されるが，その病原性は大きく異なる．この病原性の違いは，両者の遺伝子配列の違いによるものと理解されてきている．ウイルスや細菌においては血清型による分類が普及しているが，これらの病原体のゲノムを解析し，またそれらを比較することで，病原体の進化と宿主への適応機序についてより詳細でダイナミックな解明が可能になるだろう．

　大阪大学微生物病研究所の感染症メタゲノム研究分野では，4台の次世代シーケンサーを保有し，患者検体のメタゲノム解析による病原体探索と，感染症の疫学や病原体のゲノム生物学といった基礎研究を行っている．本章ではこれら次世代シーケンスの感染症研究への応用例について述べる．

3.2　次世代シーケンシングによる病原体の検出

3.2.1　感染症診断への次世代シーケンスの応用

　病原体は大きくウイルス，細菌（真菌），寄生虫に分類される．ほとんどの病原体は宿主ごとに基礎研究が進んでおり，ゲノム全体や部分的な

3.2 次世代シーケンシングによる病原体の検出

遺伝子配列がデータベース（GenBankなど）に登録されている．感染症が疑われる患者の糞便，喀痰および血清など，病原体の存在が疑われる検体のメタゲノム解析を行い，そのなかからデータベースに登録されている病原体の遺伝子配列の一部と一致，あるいは，類似性が検出されれば，その病原体による感染を疑うことになる．

20世紀の後半から数多くの新興感染症が出現した．新興感染症とはそれまでに報告のなかった感染症のことである．たとえば，2003年に出現したSARSコロナウイルスが有名である．当時，コロナウイルスはげっ歯類の病原体として知られており，ヒトへの感染例はなかった．いくつかの研究機関がSARS患者からコロナウイルスの遺伝子配列を同定し，最終的にはオランダのErasmus大学でサルの感染実験に成功し，**コッホの四原則**を満たすこととなった．

次世代シーケンシングでは短時間で病原体を網羅的に探索することができ，その候補を絞り込むことができる．次に具体的な病原体の検出例を示す．

3.2.2 臨床検体からの病原性ウイルスの検出

2006年より，筆者らは鼻汁および糞便などのヒト由来試料からの網羅的ウイルス解析（メタゲノム研究）を試みており，その結果と方法論を併せて，「**メタゲノミック診断**のシステム開発」として発表した[1, 2]．メタゲノム研究は次世代シーケンシングの発展とともに進んできたといっても過言ではない．

図3-1にはPubMed（学術文献検索サービス）を用いて「metagenome」と「metagenome and virus」というキーワード検索を行った結果（2006年以降）を示す．「metagenome」に関係する論文は年ごとに倍増している．「metagenome」と「virus」を併せて検索すると，「metagenome」単独ほどではないにせよ，年を追うごとに着実に増加傾向を示すことがわかる．

まず，インフルエンザウイルスやノロウイルスなど病原体が明らかな検体を用いて予備試験的な解析からはじめた．次世代シーケンサーを用いることにより，これらの病原性ウイルス以外にもこれまで検出限界以下であった植物ウイルスなどの多様なウイルスの存在が検体中に存在す

コッホの四原則
① 特定の病気には特定の微生物が発見されること，② その微生物が単離されること，③ 単離された微生物の感染により，その病気が起こること，④ その病気を起こした感染体から同じ微生物が再分離されること，の4点からなる．

メタゲノミック診断
臨床検体から核酸を非特異的に抽出し，次世代シーケンサーのハイスループット性能を利用して，網羅的に遺伝子配列を解読する．得られたデータの相同性検索を行うことにより，最も相同性の高いウイルスを選抜する診断法．

3章 感染症研究への次世代シーケンサーの応用

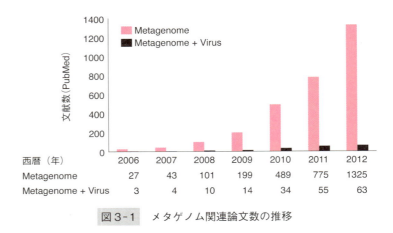

図3-1　メタゲノム関連論文数の推移

ることが明らかとなった．さらに，血液（血漿）からウイルスゲノムを網羅的に同定する試みでは，フラビウイルス科（C型肝炎ウイルスが属する）Pegivirus 属の GBV-C ウイルスを検出し[3]，筆者らの方法がさまざまなウイルスゲノムに対する非特異的な検出に対して有効であることを確認できた．また，これらの方法を用いて，原因不明の血小板減少症を起こすニホンザルの血漿からサルレトロウイルス4型（simian retrovirus 4：SRV4）が検出され，それが上記疾患の病原体であることを突き止める手がかりとなる[4]など，成果が上がりはじめている．

3.2.3　臨床検体からの病原性細菌の検出

　筆者らは，急性下痢症の糞便検体から抽出したDNAを，次世代シーケンサーを用いて解析することにより，ヒト臨床検体中の病原細菌を直接検出することに世界に先駆けて成功した[5]．食中毒と考えられる急性下痢症を発症したが，通常の検査では病原体が同定できなかった症例について，発症4日目（発症時）および3か月後（回復時）に患者から糞便を採取し，−80℃で凍結保存した．それらの糞便検体からDNAを抽出し，454 Life Sciences社の次世代シーケンサー「GS20」を用いて網羅的にシーケンシングを行った．得られた塩基配列の相同性検索を行い，類似性の高いDNA配列の由来する生物種を NCBI taxonomy データベースより抽出した（表3-1）．

3.2 次世代シーケンシングによる病原体の検出

表 3-1　配列のランキング —— カンピロバクターの検出[4]

	回復時検体			発症時検体		
	No.	(%)	種	No.	(%)	種
1	4743	(56.5)	*Bacteroides vulgatus*	5944	(50.5)	*Bacteroides vulgatus*
2	1283	(15.3)	*Parabacteroides distasonis*	2955	(25.1)	*Homo sapiens*
3	1046	(12.5)	*Bacteroides thetaiotaomicron*	818	(6.9)	*Parabacteroides distasonis*
4	842	(10.0)	*Bacteroides fragilis*	767	(6.5)	*Bacteroides thetaiotaomicron*
5	227	(2.7)	uncultured bacterium	759	(6.4)	*Bacteroides fragilis*
6	84	(1.0)	*Homo sapiens*	195	(1.7)	uncultured bacterium
7	63		*Bacteroides ovatus*	156	(1.3)	*Campylobacter jejuni*
8	19		uncultured *Bacteroidetes*	48		*Bacteroides ovatus*
9	8		*Bacteroides uniformis*	20		uncultured *Bacteroidetes*
10	7		uncultured pig faeces bacterium	14		*Bacteroides uniformis*

　下痢発症時糞便より抽出したDNAから得られた96,941配列のうち，相同性検索でヒットした配列は11,777配列で，そのうちの156配列が*Campylobacter jejuni*由来のDNA配列と高い類似性を示した．一方，回復時検体については得られた106,327配列のうち，相同性検索でヒットした配列は8397配列で，そのなかに本菌に高い類似性を示すものはなかった．この結果を踏まえ，*C. jejuni*をターゲットとしたPCRおよび増菌・選択培地を含む培養検査の結果，下痢発症時糞便中に*C. jejuni*の存在が確認され，本症例が*C. jejuni*による下痢症であったことが明らかになった．以上のように，下痢患者より得た糞便検体から抽出したDNAを非特異的(unbiased)なシーケンシングをすることにより，病原体(起病菌)を直接検出できる可能性が示された．

　以上述べたようなアプローチは「感染症のメタゲノミック診断」と呼ばれる[5]．本アプローチは原理的に標的病原体の種類にこだわらない検出・診断法であり，細菌やウイルスのみならず，真菌，寄生虫を含め多様な病原体を単一の原理で検出できる可能性がある[6-8]．また糞便や喀痰，血液などさまざまな臨床検体への応用が期待できる．このような新しいアプローチを用いて，感染症が疑われるが，これまでのところ原因病原体が見いだされていないさまざまな症例を検討していくことにより，新規な病原体の発見につながるであろう．

3.2.4 国内外のメタゲノム解析の応用例

人体という環境中に存在するウイルス集団を網羅的に解析するためには，次世代シーケンシングを用いたメタゲノム解析はうってつけである．とくに新規ウイルスの発見(ウイルスゲノムの検出)には大きな効力を発揮する．当該分野のトップランナーはアメリカコロンビア大学のW. I. Lipkinであろう．

医師でありウイルス学者であるW. I. Lipkinは，これまでに次世代シーケンシングを使って昆虫からヒトに渡るさまざまな動物から新しいウイルスを発見してきた[9]．彼らの推計によると，5000種を超える哺乳動物がおのおの60種程度の未発見のウイルスを保有していると考えられ，総計30万種以上の未発見のウイルスがこの地球上に存在していると推定している[10]．

2012年にコウモリから新しいインフルエンザウイルス(H17N10)が発見された[11]．哺乳動物全生物種の4分の1に相当する1100種を超えるコウモリは，ニパウイルス，リッサウイルスやフィロウイルスなど，ヒトに感染するさまざまな病原ウイルスを保有しており，人獣共通感染症の**リザーバー**(アウトブレイクの発生源)として注目されている．最近W. I. Lipkinらは，コウモリが，ヒトではC型肝炎ウイルスがよく知られている*Pegivirus*属の大きなリザーバー(アフリカ・中南米のコウモリより83種のウイルスを検出)であることを報告した[12]．

このように次世代シーケンシングを用いた非特異的(unbiased)かつ網羅的なウイルスゲノム探索によって，さまざまな動物に感染しているウイルス集団の実態解明が加速している．

日本国内では国立感染症研究所の研究グループが次世代シーケンサーを用いた病原体検出を精力的に行っている．特筆すべきは食中毒の新規病原体として，寄生虫クドア・セプテンプンクタータ(*Kudoa septempunctata*)を明らかにしたことであろう[13]．

日本国内の食中毒事例において原因の特定できないケースは一定数存在している．それらのうち，魚(とくにヒラメ)の刺身などを食べたあと，潜伏時間が比較的短く(食後数時間に発症)，一過性の下痢や嘔吐を呈し，軽症で終わる事例が全国の地方自治体から報告されていた．そこで国立

リザーバー
動物が体内に病原体を保有し，その病原体がほかの動物種へ伝播される状態になっている．

感染症研究所のグループが，食中毒の原因食となったヒラメと通常のヒラメに存在する DNA および RNA を次世代シーケンシングにより網羅的に解読したところ，原因食となったヒラメからは粘液胞子虫 *K. septempunctata* の遺伝子配列が大量に検出された．この結果をもとに，国立医薬品食品衛生研究所や大阪府立公衆衛生研究所のグループが，原因食となったヒラメと対照のヒラメにおける *K. septempunctata* の検出量の比較，および培養細胞や動物を用いた病原性試験を行い，本寄生虫がヒトにおける急性胃腸炎の原因になることを証明した．

これらを踏まえて，2011 年 6 月に厚生労働省は，*K. septempunctata* が食中毒の新しい病因物質であるとの通知を出した．次世代シーケンサーを用いたメタゲノム解析をきっかけに，新規食中毒病原体が明らかになったケースであった．

3.3 次世代シーケンシングの感染症研究への応用

3.3.1 ウイルスのバリアント解析

2009 年に発生した豚インフルエンザ由来のインフルエンザウイルス（H1N1pdm09）は，21 世紀最初のインフルエンザウイルスの汎流行（パンデミック）であった．このウイルスはブタやトリを宿主としていたインフルエンザウイルスがヒトへ感染し，ヒトのあいだで広がったと考えられている．このヒトーヒト感染の過程でウイルス遺伝子がどのような変化をしたのかを次世代シーケンシングにより解析した．この場合に最重要と思われるウイルス遺伝子は，ウイルスが細胞へ侵入する際に使われるヘマグルチニン（HA）であると考えられる．そこで，パンデミック初期の 2009 年 5 月および第 2 波と呼ばれる 2010 年 12 月のヒト咽頭**スワブ検体**（3〜5 検体）より HA 遺伝子を PCR 増幅し，次世代シーケンサーを用いて，PCR 産物（アンプリコン）を各検体につき，数千〜数万クローンのハイスループット解析（ディープ・シーケンス）を行った．

表 3-2 に示すように，H1N1pdm09 ウイルス（パンデミック第 1 波）は，ヒトに侵入した当初は豚ウイルス由来の性質が一部残った（肺で増殖できる）遺伝子型のウイルス（222G および 223R 遺伝子型）がマイナーポ

スワブ検体
咽頭を綿棒などで拭い取り，それを輸送培地などに懸濁したもの．

3章　感染症研究への次世代シーケンサーの応用

表 3-2　H1N1pdm HA のアミノ酸変異（文献 14 を改変）

	検体数	シーケンスリード数	肺で増殖できる遺伝子型	
			D222G（%）	Q223R（%）
H1N1pdm 第 1 波（2009 年 5 月）	3	3308 〜 29,607	3.16 〜 5.20	2.39 〜 4.64
H1N1pdm 第 2 波（2010 年 12 月）	5	11,179 〜 25,429	0.01 〜 0.07	0.47 〜 0.63
（参考）パンデミック以前の流行株：H1N1（2008 年）	5	2014 〜 7268	0.01 〜 0.11	0.1 〜 0.41

ピュレーションとして含まれていたこと，さらにヒト-ヒト感染を繰り返した結果，それらの遺伝子型が駆逐され，（上気道で効率よく増殖する遺伝子型の）ヒトインフルエンザ（222D および 223Q 遺伝子型）に収束したことが推測できた．

　生体内のウイルスの遺伝子型を網羅的に解析することは，このようなウイルスの宿主域の変化のメカニズムを理解する助けになるばかりでなく，抗ウイルス薬に耐性をもつウイルスの出現を早期に把握するためにも有効であると考えられる．

3.3.2　腸内細菌叢の解析

　次世代シーケンサーを用いることにより，環境や検体中に存在する微生物の組成（微生物叢：microbiota）を迅速に解析することが現実のものとなった．一例として図 3-2 にバングラデシュの小児の腸内細菌叢を健常児体重の群と低体重児の群で比較した結果を示す．両群とも明らかな疾患はみられない小児であるが，その腸内細菌叢には顕著な違いがみられた[15]．健常児では通常の細菌叢でよくみられる Bacteroidetes 門や Firmicutes 門がおもであるが，低体重児では Proteobacteria 門が腸内細菌叢の多くを占めていた．このような腸内細菌叢の違いがさまざまな感染症に対する抵抗性に関与している可能性がある．

　また次世代シーケンサーを用いたメタゲノム解析により，感染症の発病から治癒過程における腸内細菌叢の変動を，経時的に観察することも可能となった[2, 16]．現在，人体に常在する腸内細菌などの微生物叢と免疫・代謝などといった人体の生理機能や疾患との関係についての研究が

3.3 次世代シーケンシングの感染症研究への応用

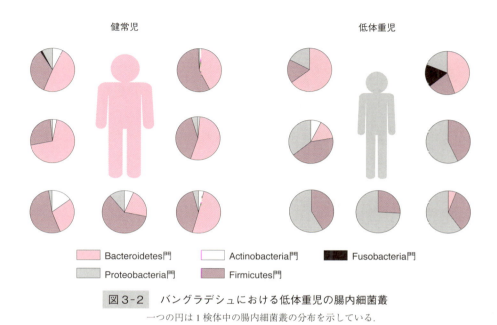

図 3-2　バングラデシュにおける低体重児の腸内細菌叢
一つの円は 1 検体中の腸内細菌叢の分布を示している．

きわめて活発に行われている．次世代シーケンサーが感染症研究の新たなフィールドを切り拓きつつあるといえよう．

3.3.3　マラリア原虫のゲノム解析

　次世代シーケンシングの技術発達に伴い得られるデータ量が増加したことによって，細菌ゲノムより大きなゲノムをもつ生物種の新規ゲノム解析が試みられるようになった．筆者らは 2007 年からサルマラリア原虫（*Plasmodium cynomolgi*）株のゲノム解読プロジェクトをスタートさせ，約 25 Mb の原虫ゲノムの解析に取り組んだ．ヒトのマラリアは熱帯熱マラリア原虫（*P. falciparum*），三日熱マラリア原虫（*P. vivax*），四日熱マラリア原虫（*P. malariae*），卵形マラリア原虫（*P. ovale*）の 4 種によって引き起こされる．とくに三日熱マラリア原虫の *P. vivax* はサルマラリア原虫の *P. knowlesi* や *P. cynomolgi* と非常に近い系統関係にあり，宿主選択性の観点で注目されていた．

　P. vivax と *P. knowlesi* のゲノムは 2008 年に *Nature* 誌に続けて報告され[17, 18]，マラリア原虫ゲノム解析の競争の激化が象徴された発表であっ

3章 感染症研究への次世代シーケンサーの応用

た.これによって三日熱マラリア原虫とサルマラリア原虫のゲノムが決定されたが,筆者らはヒトの三日熱マラリア原虫に近縁なもう一種のサルマラリア原虫である P. cynomolgi のゲノム情報を補完し,比較ゲノム解析をすることによって,宿主選択性や病原性の新規知見を得ようとプロジェクトを進めた.

ゲノム解析プロジェクトにとって重要なことはゴールを決めることである.全ゲノム情報と一言に表現されるが,数千本の**コンティグ**のままデータベースに登録されている種から,染色体の本数まで塩基配列をつなぎ,さらに遺伝子発現データまで登録している種までさまざまな完成度がある.

> **コンティグ**
> 多くの短いDNA断片配列の重ね合わせから構築されるより長い配列.

筆者らは複数種の比較ゲノム解析のために,少なくとも染色体の本数に相当するドラフトゲノムを得ることをゴールに定め,プロジェクトを開始した.最初に選択した次世代シーケンサーは「454GS-FLX Titanium(FLX)」であり,できるだけ長く塩基配列をつなぐためにリード長を優先した.「FLX」から計632 Mb(ゲノムサイズの約23倍)の塩基配列データを得たが,これのみではコンティグのつながりが悪く,PCRにより異なるコンティグ間での増幅の有無を確認し,コンティグ間のリンク情報の取得を開始したが一向に進まなかった.

そこでfosmidライブラリーを用いたサンガーシーケンスにより塩基配列データ6.8 Mb(インサート長40 kb,2784クローン)を追加した.その結果,「FLX」およびfosmidの塩基配列データとPCRから得られたリンク情報により,総塩基長22.73 Mbの14本の染色体に相当するコンティグと,ゲノム位置が不明な総塩基長3.45 Mbの1651本のコンティグを得た.

次に,これらのコンティグの遺伝子予測などの解析を開始したが,得られたコンティグには「FLX」特有のホモポリマーエラーが修正できておらず,分断された遺伝子が多かった.そこでさらにホモポリマーエラーが起こりにくいIllumina社の「Genome Analyzer Ⅱx(GAⅡ)」を用いて,塩基配列データ約3.7 Gb(ゲノムサイズの約138倍)を取得した.このデータを用いてコンティグをゲノムワイドに修正し,最終的に P. cynomolgi のドラフトゲノムとして2012年に報告した[19].ヒトの三日

熱マラリア P. vivax と 2 種のサルマラリア P. knowlesi および P. cynomolgi の比較ゲノム解析により，これらのマラリア原虫がもつ約 5000 個の遺伝子の 90％は共通であり，種特異的な遺伝子は多重遺伝子ファミリーに集中することが明らかになった．

　ゲノムプロジェクト開始から 6 年を経て，P. cynomolgi のドラフトゲノムを発表することができたが，次世代シーケンシングであれば容易に決まるであろうと考えていた当初の期待は外れた．最終的には 2 種の次世代シーケンスデータと従来法であるサンガーシーケンスデータ，さらに PCR によるリンク情報を加えてドラフトゲノムを構築できた．次世代シーケンサーが発達しても，生物の新規ゲノムを解読するのは非常に困難であり，また全ゲノム情報を理解することはそれ以上に難しい．

3.4　病原体ゲノム解析における機種の比較

　2010 年頃には 1 分子リアルタイムシーケンサーと呼ばれる Pacific Biosciences 社の「PacBio RS」が導入されはじめ，さらに次世代シーケンサーの選択肢が広がった．筆者らは腸炎ビブリオゲノム（ゲノムサイズ約 5 Mb）を例として，どのシーケンサーが微生物のゲノム解析に最適かの比較検討を行った[20]．

　各種シーケンサーの基本的なスペックとゲノム解析の結果を表 3-3 に示す．結果をみると明らかなように，長いリード長を解読できる RS システムのデータが腸炎ビブリオの 2 本の染色体に相当する 2 本のコンティグまで構築が可能であった．「PacBio RS」以外の次世代シーケンサーのリード長では細菌ゲノムに複数ある rRNA 遺伝子をコードするリピート領域の位置関係を決定することは不可能であった．これはサンガーシーケンシングでも同様で，2003 年当時決定されたゲノムでも最後まで問題となった領域である[21]．先述のマラリアゲノムプロジェクト時にはサンガーシーケンシングにも頼らざるを得ない状況であったが，これからはこの「PacBio RS」による病原性微生物のゲノム解析が加速されることが予想される．

表 3-3 腸炎ビブリオのゲノム解析を例とした機種の比較

機　種	GS Junior	Ion PGM	MiSeq	PacBio RS
基本的なスペック				
データ量	50 Mb	2 Gb	15 Gb	100 Mb
リード長	500 b	400 b	300 b × 2	> 4000 b
リード数	10 万	500 万	5000 万	5 万
ラン時間	10 時間	7 時間	65 時間	2 時間
ランニングコスト	約 13 万円	約 8 万円	約 21 万円	約 5 万円(1 cell)
腸炎ビブリオのゲノム解析結果				
コンティグ数	309	61	29	2
最大長	164,926	895,358	732,626	3,288,561
カバー率(%)	97.8	98.3	98.5	99.9

3.5　今後の展望：次世代シーケンシングによるベッドサイド解析とゲノム疫学

　DNA 配列決定技術は今後もさらに進歩しつづけるものと考えられる．ごく近い将来，現在世に出ている次世代シーケンサーに比べ，コストの点でもスピードの点でも格段に上回るシーケンサーがでてくることは間違いないであろう[22]．また今後，パーソナルユースに適したシーケンサーも次つぎにでてくるものと考えられる．そのようなハイパフォーマンスなシーケンサーが普及すれば，現在では多種多様な培地や試薬，PCR プライマーなどを用いて複雑なプロトコルで行われている微生物の同定や性状解析，あるいは感染症の診断の多くが，次世代シーケンサーによる迅速解析に取って代わられる可能性がある．今後，感染症領域において注目していくべきテクノロジーであるといえよう．

　また，次世代シーケンサーの利用により微生物のゲノム情報を容易に入手できるようになれば，全ゲノム情報に基づいた微生物の同定やフィンガープリンティング(DNA 鑑定)が可能となる．これらを疫学情報と組み合わせることにより，ゲノム疫学(Genomic epidemiology)ともいうべき新しい学問分野が生まれつつある[23]．このような従来に比べ迅速で精度の高い解析法は，今後，感染症のアウトブレイクなどの際に，迅速な病原体の同定や感染経路の解明に強力な武器になることが期待される．

3.5 今後の展望:次世代シーケンシングによるベッドサイド解析とゲノム疫学

◇文　献◇

1) S. Nakamura et al., *PLoS One*, 4, e4219 (2009).
2) S. Nakamura et al., *Exp. Biol. Med.*, 236, 968 (2011).
3) T. Nakaya et al., "Handbook of Molecular Microbial Ecology Ⅱ: Metagenomics in Different Habitats," ed by F. J. d. Bruijn, Wiley (2011), p. 73.
4) M. Okamoto et al., *Sci. Rep.* (in press).
5) S. Nakamura et al., *Emerg. Infect. Dis.*, 14, 1784 (2008).
6) D. L. Cox-Foster et al., *Science*, 318, 283 (2007).
7) G. Palacios et al., *New Engl. J. Med.*, 358, 991 (2008).
8) S. R. Finkbeiner, *PLoS pathogens*, 4, e1000011 (2008).
9) W. I. Lipkin et al., *Curr. Opin. Viro.*, 3, 199 (2013).
10) S. J. Anthony et al., *mBio*, 4, e00598 (2013).
11) S. Tong et al., *Proc. Natl. Acad. Sci. USA*, 109, 4269 (2012).
12) P. L. Quan et al., *Proc. Natl. Acad. Sci. USA*, 110, 8194 (2013).
13) T. Kawai et al, *Clin. Infect Dis.*, 54, 1046 (2012).
14) M. Yasugi et al., *PLoS One*, 7, e30946 (2012).
15) S. Monira et al., *Front. Microbiol.*, 2, 228 (2011).
16) S. Monira et al., *Gut pathogens*, 5, 1 (2013).
17) J. M. Carlton et al., *Nature*, 455, 757 (2008).
18) A. Pain et al., *Nature*, 455, 799 (2008).
19) S. Tachibana et al., *Nat. Genet.*, 44, 1051 (2012).
20) M. Miyamoto et al., *BMC Genomics*, 15, 699 (2014).
21) K. Makino et al., *Lancet*, 361, 743 (2003).
22) J. Eid et al., *Science*, 323, 133 (2009).
23) Y. H. Grad et al., *Proc. Natl. Acad. Sci. USA*, 109, 3065 (2012).

中村　昇太(なかむら　しょうた)
1978年京都府生まれ．2006年大阪大学大学院薬学研究科博士課程修了．博士(薬学)．現在,大阪大学微生物病研究所助教．おもな研究テーマは「ゲノム・メタゲノム解析による感染症研究」．

中屋　隆明(なかや　たかあき)
1965年大阪府生まれ．1995年北海道大学大学院医学研究科研究科博士課程中退．博士(理学)．現在,京都府立医科大学大学院教授(感染病態学)．おもな研究テーマは「インフルエンザウイルス病原性の分子メカニズムの解明」．

飯田　哲也(いいだ　てつや)
1962年愛知県生まれ．1991年大阪大学医学研究科博士課程修了．医学博士．現在,大阪大学微生物病研究所特任教授．おもな研究テーマは「細菌の病原性発現メカニズムとその進化」．

堀井　俊宏(ほりい　としひろ)
1953年大阪府生まれ．1978年大阪大学大学院理学研究科博士課程修了．理学博士．現在,大阪大学微生物病研究所教授．主な研究テーマは「マラリアワクチン開発」．

PART 2 次世代シーケンサーの利用例

4章 次世代シーケンサーによるがん研究

中川　英刀

NGS（次世代シーケンサー）で何が変わった？

導入前 before
- がん細胞のマイクロアレイ解析では，特定の遺伝子のRNA発現パターンのみが得られる
- プローブのない遺伝子は，マイクロアレイ解析で調べることができない

導入後 after
- 既知や新規にかかわらず，**網羅的**かつ**定量的**にがん細胞中のRNA発現を検出できる
- 感度高くポイント変異を検出できるので，**アレル特異的発現変化**を調べることができる
- がん細胞と正常細胞のゲノムを比較することで，**がん化に関与するゲノム領域**を特定できるようになる

4章 次世代シーケンサーによるがん研究

4.1 がんの解析方法

1980年代の遺伝性腫瘍の家系解析やがん組織のゲノムコピー数の解析〔染色体のヘテロ接合性の喪失（loss of heterozygosity：LOH）や増幅〕により，がん抑制遺伝子が多数同定され，がんのゲノム研究は黎明期を迎えた．1986年のノーベル受賞者R. Dulbeccoの「がんの研究をするにはがんの全ゲノムをシーケンスするのがいい」[1]，という発案が一つのモチベーションになり，ヒトゲノムプロジェクトが開始され，2003年にはヒトゲノム計画が完了し，10年以上経った．この10年ほどの間にシーケンス技術は革命的な進歩をとげてきている．次世代シーケンサー（next generation sequencer：NGS）の技術発展により，約30億個のヒトゲノムの塩基配列を読むのに，いまでは1日の時間と数十万のコストで可能となり，将来，数時間の時間と数万円のコストで解析が可能になると期待されている．

がんは発がん物質や炎症などの環境因子の暴露により，正常細胞のゲノムにさまざまな異常が蓄積し，正常な分子経路が破綻した結果，無秩序な細胞増殖や転移をきたすことによって起こる「ゲノムの疾患」であり，ヒトゲノム計画の成果の恩恵を最もうける疾患の一つと考えられている．実際に，上皮成長因子受容体（epidermal growth factor receptor：EGFR）遺伝子やBRAF遺伝子といったがん遺伝子（oncogene）の変異を標的とした治療薬が開発され，腫瘍組織における変異の有無に応じてその治療薬の適応が決定される個別化医療も進みつつある．

このようにがん細胞のゲノムをすべて解読することにより，がんの発生や進展のメカニズムが解明され，新たな治療薬や診断方法のシーズとなるゲノム変異が見つかってくることが期待されている．この革新的技術である次世代シーケンスとそれから得られる超大量のデータを解析するIT技術を活用して，ゲノムの疾患であるがん細胞の全ゲノムシーケンス（whole genome sequencing：WGS）解析や全エクソン（ゲノム中の1～2％に当たるタンパク質をコードする領域）解析が大規模に世界中で進められており，国際共同プロジェクトであるICGC（International Cancer Genome Consortium）やアメリカのTCGA（The Cancer Genome Atlas）

といった，がんゲノムのデータベースの構築が急ピッチで進められている（1プロジェクト：500症例×35プロジェクト）．これらゲノム変異データは一般に公開されている（http://www.icgc.org/）．

今日，次世代シーケンスを活用したさまざまながん（ゲノム）研究の方法が開発されており，網羅性・コスト・情報解析のキャパシティーなどを考慮して，次世代シーケンスの解析手段が選択される．この際必要なサンプル量は1がん細胞であり，後述する全ゲノム，全エクソーム解析が可能である．基本的には，がん組織のゲノムと正常のゲノムの次世代シーケンス解析後に，それらの比較を行い，がん組織で起こっている体細胞変異や異常を検出する．以下に，それぞれの方法の特徴について概説する．

4.2　がんのエクソーム解析

現在，エクソーム解析はがんゲノム研究の最も標準的な解析プラットフォームであり，さまざまながん腫のエクソームシーケンス（whole exome sequencing：WES）解析が，ICGCやTCGAをはじめ世界中で広く行われている．

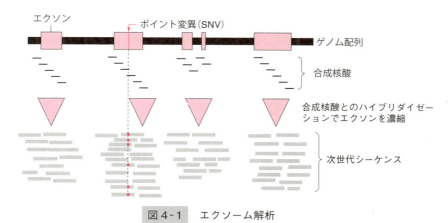

図4-1　エクソーム解析

合成核酸とのハイブリダイゼーションでエクソンの配列を濃縮し，次世代シーケンスで解析を行う．正常細胞との比較により，エクソン（標的領域）内のがん細胞のポイント変異を網羅的に検出することが可能である．赤丸は塩基多型を表す．

全ヒトゲノム配列（30億塩基：3 Gb）のうち，タンパク質をコードするエクソンの配列（30〜40 Mb）に対して，大量の70〜120塩基長（bp）の核酸を合成し，それらを用いてハイブリダイゼーションにより濃縮を行い（capture），標的配列（エクソン）を含む次世代シーケンスライブラリーの濃縮を行うものである（図4-1）．一つのエクソンの平均長は約100〜150 bpほどなので，その短い配列（75〜100 bp）を次世代シーケンス解析し，エクソン内にある変異や多型を検出する．この濃縮によって，実際に標的配列に濃縮される割合（on target比率）は，captureのプラットフォームにもよるが，おおよそ30〜70%である．

一般にがんのエクソームの場合，深度（depth：標的領域の配列に対して，何倍の量のシーケンスを行ったかの指標．次世代シーケンス解析の精度は深度に依存する）として多くは80〜100倍であり，多少がん組織の不均一性（後述）があっても，感度高く**ポイント変異**（single nucleotide variant：SNV）を検出することが可能である．また，コスト的にも全ゲノムシーケンスの5分の1ほどである．しかし，がんゲノム研究にとって重要な情報である，コピー数異常や構造異常の検出，非コード領域の高精度の解析は基本的に困難である．

ポイント変異
1〜数個の塩基配列の変化．

4.3 がんの全ゲノムシーケンス解析

がんの体細胞変異には，さまざまなパターンのゲノム異常がある．エクソンのポイント変異のみならず，LOHや増幅といったコピー数異常が多数観察される．その領域にはがん抑制遺伝子など重要な遺伝子が位置しており，コピー数異常の解析は重要である．また，これまで白血病で報告されてきた染色体の転座などのゲノム構造異常（structure variants：SVs）は，次世代シーケンサーでの解析によって，固形腫瘍（乳がん，肺がん，大腸がん）でも多数起こっていることが明らかとなった[2]．さらに，肺がんのEML4-ALK遺伝子や前立腺がんのTMPRSS2-ERG遺伝子のように，SVsによってがん細胞の増殖に深くかかわる融合遺伝子が転写され，これらを標的とした治療薬が開発されてきている．したがって，エクソームシーケンスのみではがんゲノム解析は不十分であり，がんゲノ

4.3 がんの全ゲノムシーケンス解析

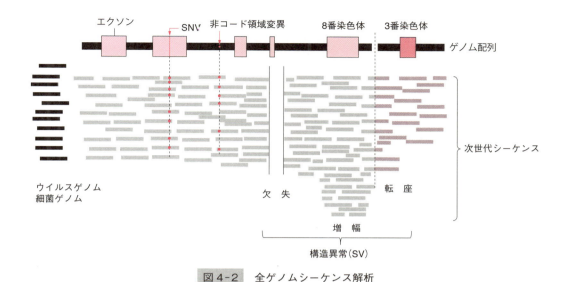

図4-2 全ゲノムシーケンス解析
全ゲノムシーケンス解析により，タンパク質をコードする遺伝子のポイント変異のみならず，プロモーターやエンハンサーなどの非コード領域の変異，コピー数異常や転座などの構造異常，ウイルスゲノムの挿入や細菌ゲノムの検出も行うことが可能であり，最も網羅性が高い．

ムの場合はコピー数異常やSVsの検出も可能な全ゲノムシーケンス（図4-2）での解析が理想的である．がん組織および正常部における全ゲノムシーケンスの深度は，一般的に30倍以上を求められるが，がんの不均一性を考慮して，今後はさらに深い深度での次世代シーケンスが求められる．

ほとんどのがん腫について，TCGAなどでの解析によりエクソームシーケンスによるエクソン内の変異の情報はほぼでそろった感がある．今後は全ゲノムシーケンス解析により，融合遺伝子や発現異常を引き起こす構造異常，非コード領域の変異，ウイルスの挿入や細菌ゲノムの検出など，RNA発現解析やエピゲノムの解析のデータも加わって，より統合的網羅的なゲノム解析へ関心が移っていくことは間違いない．

最近，メラノーマ（悪性黒色腫）の全ゲノムシーケンス解析により，TERT遺伝子のプロモーター領域の変異が同定され[3]，肝がんや脳腫瘍などにおいて，高頻度で検出されてきている．ICGCといった大規模がんゲノム解析においても，全ゲノムシーケンスでのがんゲノム解析が急ピッチで行われている．

4章 次世代シーケンサーによるがん研究

4.4 がんのRNA-seq解析

RNAをcDNA（complementary DNA）へ変換することにより，RNA解析も次世代シーケンサーで行うことができる．これまで，ヒトゲノム上に存在する2万～3万の遺伝子を標的としたマイクロアレイ解析により，多くのがん細胞のRNA発現解析が行われてきた．しかし，マイクロアレイはヒトゲノム上で決められた遺伝子の領域の発現情報しか得ることができず，プローブが設計されていないRNAの発現データは得ることができない．

一方，次世代シーケンサーを用いたRNA-seq（RNA-sequencing）解析（図4-3）では，すべてのRNAについてバイアスを減らしてその情報を得ることができ，融合遺伝子，新規および既知の非コードRNA，さらには，最近の技術により転写方向の情報も付加され，アンチセンスRNAの発現も解析できるようになった．**miRNA**（micro-RNA）は，機能性非コードRNAの代表格であるが，次世代シーケンスによって簡単に，非常に感度高く，また定量的にも解析することができる．さらには，一塩基多型

miRNA
長さ20～25塩基ほどの短いRNAで，ほかの遺伝子の発現を調節する機能をもつ．

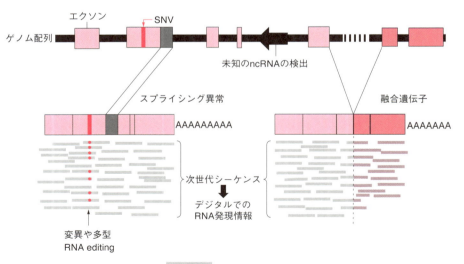

図4-3 RNA-seq解析
デジタルな遺伝子の発現解析情報を得ることができる．さらには，スプライシングの異常や融合遺伝子の検出，未知のncRNAの発現解析，RNA-editingも含むバリアント情報も定量的に得ることができる．

の情報があるため，RNAの変異や多型情報も定量的に観測することができる．これにより，マイクロアレイでは解析できなかったアレル特異的発現変化や，さまざまなスプライシングの変化も解析できる．エクソームシーケンス解析や全ゲノムシーケンス解析のゲノム情報との統合により，**RNA editing**（RNAエディティング）という転写後のRNAの修飾も網羅的に検出ができ，がん研究において注目されている[4]．

またこのRNA-seq解析では，次世代シーケンサーのアウトプットの増加によるコストの低下により，現在の1検体当たりの費用は，マイクロアレイ解析とほぼ同じ程度である．上記のような精度・網羅性・応用性を考えれば，今後，RNA発現解析の標準プラットフォームは次世代シーケンサーであることは疑う余地がない．

RNA editing
転写されたmRNAに塩基の変換が起こる現象．

4.5 次世代シーケンスによるがんのエピゲノム解析

エピゲノム解析の主体は，DNAのメチル化の情報である．これまでDNAメチル化は，DNAメチル化感受性のある制限酵素を用いた方法やbisulfite（重亜硫酸ナトリウム）処理後のDNAを用いて標的領域をPCRで増幅後にシーケンスを行ってきた．最近は，DNAチップを用いた解析より，ゲノム中にある45万か所のCpGサイトについて，bisulfite処理後にタイピング（DNA配列の決定）を行い，ゲノムワイドでのDNAメチル化解析が広く行われている．しかし，この方法では定量性の精度が低く，次世代シーケンサーを用いたゲノムワイドでのDNAメチル化解析が期待されている．

DNAメチル化認識酵素で切断したあとの断片を次世代シーケンサーで解析し，DNAのメチル化部位をゲノムワイドで同定する方法[5]（図4-4）があり，コストパフォーマンスがよい．究極的には，bisulfite処理後のDNAをそのまま次世代シーケンス解析を行う方法が望ましいのだが，コストの問題と情報解析の複雑さ[6]のため，まだ広く普及していない．

ほとんどのCがT(U)に変換されるため，ゲノム配列のcomplexity（複雑性）が低下する．よって，次世代シーケンスにより得られた短い塩基配列の**マッピング**が難しくなり，精度が落ちる可能性がある．また，ヒ

マッピング
決定した塩基配列について，ゲノム上（ヒトの場合，30億個の塩基配列からなる）で相当する部分を見つけだす作業．

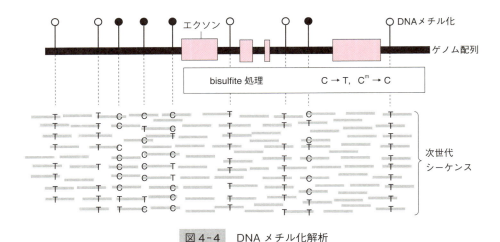

図 4-4 DNA メチル化解析

bisulfite 処理後,PCR によりメチル化されていない C は T(U) に変化され,メチル化された C(C^m) は C のままである.この DNA を次世代シーケンサーで解析することにより,ゲノム上のメチル化された C の位置とその定量情報(リード数)が得られる.黒丸はメチル化あり,白丸はメチル化なし.

ストン修飾や特定の転写因子と相互作用するゲノム配列の解析を行う ChIP-seq(クロマチン免疫沈降シーケンス)法が広く行われており,ENCODE プロジェクトなど,ChIP-seq 法によりさまざまな(がん)組織細胞の網羅的なエピゲノムプロファイルが作成されてきている.さらには,クロマチンの 3 次構造を決めるための次世代シーケンス解析も行われており,Hi-C[7] や ChIA-PET[8] といった空間的に近い位置にあるゲノムの位置(chromatin conformation)の解析も行われている.

4.6 がんの Clinical sequencing(Target sequencing)とゲノム診断

EGFR 遺伝子に変異のある肺がんは EGFR 阻害剤投与の対象となり,その下流の KRAS 遺伝子に変異のある大腸がんは EGFR 阻害剤の対象とならない.がんの遺伝子変異を標的とした多数の分子標的薬が開発されている.ゲノム変異や多型の情報を用いてがんの個別化医療が行えるものについては,次世代シーケンスによる変異解析〔Clinical seq(Clinical sequencing)解析〕(図 4-5)を行い,その結果と解釈を診断として臨床の

4.7 がんの Heterogeneity の解析

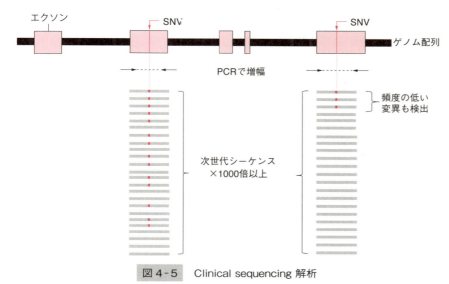

図 4-5　Clinical sequencing 解析

PCR や capture により，標的ゲノム領域を増幅または濃縮を行い，デスクトップ型の次世代シーケンサーで高い深度で配列を読み（ゲノムの 1000 倍以上），領域の SNV を高感度，高精度に検出することができる．

場に反映することが実践されている．

20〜300 遺伝子のエクソンを，PCR や上述の capture 技術によって増幅または濃縮を行い，それらを次世代シーケンス解析にて，1000 倍以上の深度（精度）で変異塩基の検出を行う[9]．いまの次世代シーケンスでは，その解析に要する時間は数日，コストも数万円ほどである．また，深度が高いので遺伝子診断として行われている通常のサンガーシーケンスよりも，低頻度の変異（1％以下）も検出できて精度も高いと考えられる．今後，この Clinical seq 解析が真の意味でのがんの診断として定着し，広く臨床の場で行われ，がんの個別化医療が進むことが期待される．

4.7　がんの Heterogeneity の解析

臨床の腫瘍では，その細胞一つ一つが違う体細胞変異をもつという heterogeneity（不均一性，細胞の多様性）がある．これは，次世代シーケンスでのがんゲノムプロファイルを作成するにあたって，大きな障害となる．しかし，このがん細胞のゲノムの多様性が，がんの進化や化学療

法の抵抗性に関与していることが明らかになってきた．一つのがん組織中の複数の場所や転移した複数の腫瘍をゲノムワイドな次世代シーケンス解析を行うことによって，がん細胞のゲノムの多様性が，これまで考えてきた以上にあることが明らかになってきた[10]．がんの 1 細胞シーケンス解析も可能な状況にある[11]．

1 細胞は基本的に 2 コピーしかゲノムがないので，なんらかの方法でゲノム増幅したあとに，次世代シーケンス解析を行う．その際のさまざまなバイアスが生じるため，完全な 1 細胞シーケンスを行うことは，いまだに困難である．しかし，1 細胞シーケンス解析を行うことにより，全ゲノムレベルでのコピー数異常はかなりの精度で，また SNV についても 50～70％ほどのカバー率で解析でき[11]，がん細胞の多様性やそれに関わるがんの進化学的研究がすすみつつある．

4.8 がんゲノム研究の流れと注意点

4.8.1 質の高い臨床サンプルの入手

ヒトのがん組織の次世代シーケンス解析を行う場合に，最も重要なポイントは臨床がん組織の質である．遺伝性の病気の解析を行う場合と異なり，がん組織と正常組織の両方について次世代シーケンス解析を行い，

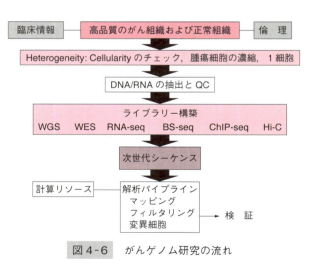

図 4-6　がんゲノム研究の流れ

その差分をとってがんの体細胞変異やがんの特異的変化を検出する(図4-6).

　がん組織の不均一性は，解析結果やそのデータの解釈に多大な影響を与える．多くのがん組織は，顕微鏡で見ると正常細胞を数％以上含んでおり，膵がんや胆道がんなどでは，正常細胞がほとんどを占め，がん細胞はわずか数％しか含まれていないことがある．また，同じがん組織内であっても，それぞれのがん細胞が別べつに体細胞変異を有しており，非常に不均一性が高い．そのため，組織内のがん細胞の含有割合(cellularity)を病理検査などの別の方法で確認し，cellularity が低いがん組織については，次世代シーケンス解析を行う前に，別途腫瘍細胞の濃縮を行うか，次世代シーケンス解析後に情報解析の工夫が必要になってくる．

　通常，病理組織での検討で cellularity が 60％ を切ると，体細胞変異の同定数の低下などさまざまな影響がでてくる．細胞株のゲノム解析は，cellularity が 100％ なのでこの限りではないが，対応する正常組織やそれ由来の正常細胞株が必要である．正常組織のゲノムがない場合，エクソームや全ゲノムシーケンス解析で同定された SNV が，体細胞変異なのか，それとも稀な生殖細胞系列(germline)の多型なのか，判定ができない．一塩基多型(single nucleotide polymorphism：SNP)の情報はデータベース化されており，その情報を用いて生殖細胞系列の SNV を除くことも可能だが，データベースにない **private variants** が大量に存在するため，このフィルタリングはうまくいかない．

private variants
特定の個人にしかないような稀な遺伝子多型.

4.8.2　DNA/RNA の質の担保

　次世代シーケンス解析は，凍結標本サンプルから抽出した DNA または RNA での解析を基本としている．新鮮凍結標本であっても，DNA の分解による断片化や DNA の精製度が低いと，次世代シーケンスライブラリーの作成がうまくいかず，サイズの小さなライブラリーや PCR によるバイアスを大きくうけて，偏りの大きいシーケンスデータが得られることがあるので，注意が必要である．RNA については，DNA 以上にその質が問題となってくる．多くは手術で切除した凍結標本を用いるが，

凍結までの時間や保存方法によっては，RNAの分解が起こり，著しくRNAの質が低下し，解析ができない．

日常的診療で使われているFFPE（ホルマリン固定パラフィン包埋）のサンプルについても次世代シーケンスによる解析が可能である．ただし，長い保存期間や固定方法によっては，DNAの分解や変質が著しく進み，ライブラリーの作成ができない，または著しく偏りのあるライブラリーとなることが多い．また，パラフィン包埋の影響によるDNAとタンパク質の架橋による影響が起こる可能性もある．DNAの分解によりその平均長が200 bp以下になることが多く，SNVの検出を目的としたエクソーム解析においては大きな問題はないが，ペアエンドの情報を使うSVs検出を目的とした全ゲノムシーケンス解析においては，まだまだ課題が多い．

以上のことを踏まえ，最良の次世代シーケンス解析のための臨床サンプルを得るためには，外科医や病理医とよく相談して，手術切除直後にOCT（包埋剤）に包埋して，液体窒素にて凍結し，−80℃で保存する．その後，OCTよる組織切片を作成してHE（ヘマトキシリン）などでのcellularityおよび病理学的評価を行ったうえで，切片を複数作成し，DNAまたはRNAを抽出することが求められる．

4.8.3　倫理面での対応

がん組織（細胞）および正常組織の次世代シーケンス解析を行い，その差分をとってがんの体細胞変異を同定するのががんゲノム解析である．この正常組織の次世代シーケンス解析時に，いわゆるincidental finding（予期せぬ変異）が観察される．たとえば，家族歴のない乳がんの次世代シーケンスを行って，遺伝性乳がんの遺伝子BRCA1の胚細胞変異が，または，治療法のない神経変性疾患や痴呆の発生に深くかかわる胚細胞変異が発見されることがありうる．その際に，この結果を患者さんやその家族に伝えるか否か，というのは，ヒトゲノム研究の倫理の場で議論がなされており，がんゲノム解析の倫理面での対応について，少なくとも各施設の倫理委員会で深く議論して，承認されるべきである．また，最近は論文投稿の際には，次世代シーケンスの生データの公開が求めら

れており，これについても倫理委員会での議論と承認が必要である．

4.8.4 解析パイプラインと計算リソース

がん組織および正常組織のDNAを次世代シーケンス解析したあと，産出された超大量の短いシーケンスデータ（FASTQ）をヒトゲノム参照配列に張り付ける操作が行われる．これをマッピングまたはアライメントとよび，がんゲノム情報解析の最も重要かつ労力を要する作業である．マッピングのためのソフトウェアは複数あるが，現在のところBWAが広く使われている．このマッピングの精度によって，ゲノム解析の精度の良し悪しが決まってくる．このマッピングの操作ののちに，さまざまなフィルタリングをかけ，ゲノム上（またはエクソン上）のすべての位置での塩基配列（A, T, C, G）をリード数に応じて決定する．がんの体細胞変異の場合，どのくらいの割合やリード数で somatic variant（体細胞変異）として判定するかが，非常に重要な点である．

このように，解析パイプラインの選択が次世代シーケンス解析の成否を握っており，それぞれの研究の目的，プラットフォーム，計算リソースに合った解析パイプラインを使用する必要がある．精度を重視するのであれば，次世代シーケンスによって同定された体細胞変異を100〜200以上選んで，サンガーシーケンスや別の方法で確認を行い，偽陽性率を把握しておく必要がある．現在，国際的には，臨床がん組織の体細胞変異SNVの偽陽性率を3％以下が望ましいとされている．しかし，indel（挿入・欠失）やSVsの判定に関しては未成熟なところが多くあり，解析パイプラインによって，その精度やカバー率は大きく異なって別の方法で確認作業をすることがさらに求められる．

◇文　献◇

1) R. Dulbecco, *Science*, **231**, 1055 (1986).
2) P. J. Campbell et al., *Nat. Genet.*, **40**, 722 (2008).
3) F. W. Huang et al., *Science*, **339**, 957 (2013).
4) D. Dominissini et al., *Carcinogenesis*, **32**, 1569 (2011).
5) H. Gu et al., *Nat. Protc.*, **6**, 468 (2011).
6) F. Krueger et al., *Nat. Methods*, **9**, 145 (2012).
7) F. Jin et al., *Nature*, **503**, 290 (2013).

8) M. J. Fullwood et al., *Nature*, 462, 58 (2009).
9) G. M. Frampton et al., *Nat. Biotech.*, 31, 1023 (2013).
10) X. Xu et al., *Cell*, 148, 886 (2012).
11) C. Zong et al., *Science*, 338, 1622 (2012).

中川 英刀（なかがわ ひでゆき）
1966年大阪府生まれ．1991年大阪大学大学院医学研究科博士課程修了．医学博士．現在，理化学研究所統合生命医科学研究センターゲノムシーケンス解析研究チームリーダー．おもな研究テーマは「がんゲノム」．

PART 2 次世代シーケンサーの利用例

5章 環境中の微生物群集構造

山副　敦司・野田　尚宏・松倉　智子
木村　信忠・三浦　隆匡

次世代シーケンサー
NGSで何が変わった？

導入前 before
- 従来の培養法では微生物の1〜10%程度しか培養できないので，環境中の微生物群構造を調べることは難しい
- 新規性の高い遺伝子は既知のものと相同性が低いので，取得するのは困難である
- メジャーな微生物群の情報により，マイナーな微生物群の情報が高解像では得られにくい

導入後 after
- メタゲノム解析により，**培養に依存しない手法**で微生物を検出できる
- ゲノム（遺伝子配列）を網羅的に解析することができるため，**新規性の高い機能遺伝子**でも取得できる
- 環境中における微生物を網羅的に調べることで，**群集構造（種の構成）**が定量的にわかる

5.1 次世代シーケンサーを利用した環境中の微生物叢(群集)の網羅的な解析

5.1.1 はじめに

地球上には,それぞれの環境に適応した非常に多彩な微生物が生息し,生態系における物質循環などさまざまな機能を果たしている.このため,われわれは環境中から有用な微生物を分離し,食品や医薬の製造,排水処理,環境浄化などのさまざまな産業に役立ててきた.

しかし,環境中に存在するほとんどの微生物は難培養性であり,従来の培養法では全微生物のわずか1〜10%未満しか分離できていないことが示唆されている[1].そこで,環境を微生物の巨大な遺伝子プールとしてとらえ,これをまるごとゲノム解析するメタゲノム解析に注目が集まっている.メタゲノム解析は培養に依存しない手法であることから,新たな機能を有する微生物の発見に繋がることが期待されている[2].

次世代シーケンサーを利用した環境中の微生物叢(群集)解析は,PCR(polymerase chain reaction)法により増幅した特定の遺伝子配列を大量に決定する方法(アンプリコンシーケンス)と,環境から抽出した核酸(DNA,RNA)をショットガンシーケンスし,網羅的に遺伝子を解析する方法(メタゲノム,メタトランスクリプトーム)に大別される.

5.1.2 アンプリコンシーケンス

現在,最も一般的な環境微生物叢の多様性解析方法として,16SリボソームRNA(rRNA)遺伝子を指標とした細菌叢解析手法がある(メタ16S解析).16S rRNA遺伝子は,すべての原核生物が有する遺伝子であり,系統分類学上の指標として利用されている.したがって,16S rRNA遺伝子配列は数多くの真正細菌とアーキアについて決定されており,さまざまな公共のデータベース(GenBank,Greengenes,Ribosomal Database Project,SILVAなど)が整備されている[3-5].

メタ16S解析では,環境より抽出したDNAからPCR法で16S rRNA遺伝子を増幅したあと,Roche社の「454 GS FLX+ System」やIllumina社の「MiSeq」などの次世代シーケンサーを用いて網羅的に配列を決定

5.1 次世代シーケンサーを利用した環境中の微生物叢（群集）の網羅的な解析

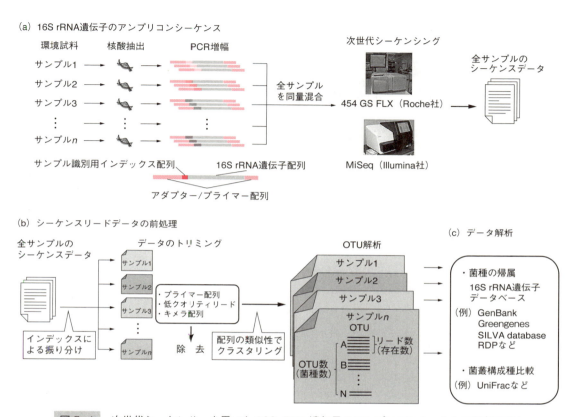

図5-1 次世代シーケンサーを用いた16S rRNA遺伝子のアンプリコンシーケンス解析の流れ

する（図5-1）．PCRプライマーの一端に"インデックス"と呼ばれる配列を付加し，サンプルごとに異なるインデックス配列を用いることで，同時に複数サンプルの解析が可能である．シーケンスデータは，低クオリティなリード（配列）やキメラ配列の除去を行ったあと，配列同士をクラスタリングして**OTU**（operational taxonomic unit）解析を行う．

OTUの数は環境中に存在する菌種の数を表し，同一のOTUに属するリードの数はその菌種の相対的な存在量を表すと考えられる．各OTUに属するリードのなかから代表的な配列を選び，データベース検索により属種名の同定を行う．これら一連の解析はQIIMEやmothurなどのフリーソフトウェアで行うことができる[6,7]．得られた属種名について論文などの既知情報を調べ，それぞれの構成菌種についての生物学的な情

OTU
配列同士で一定以上（例，96～97％）の類似性がある配列群を一つの菌種のように扱うための操作上の分類単位である．

5章 環境中の微生物群集構造

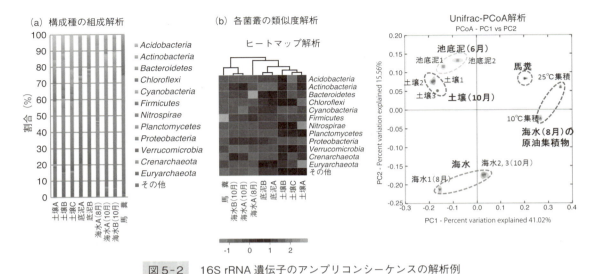

図5-2 16S rRNA 遺伝子のアンプリコンシーケンスの解析例
(b) Unifrac 解析(右)はサンプル間での類似性をドットで表し,近い距離のものほど類似性が高い.

Unifrac 解析
系統樹解析により,サンプル間で共有するOTUの枝長と各サンプルで固有なOTUの枝長の割合から菌叢構造の相違度(Unifrac Distance)を算出する方法.

報(病原性,有用機能,生息環境など)を推定する.各OTUの帰属結果に基づく構成菌種の組成比の算出や,**Unifrac 解析**によるサンプル間での菌叢の類似性を求めることで,菌叢構造の比較解析も可能である(図5-2).

また,アンプリコンシーケンスは,16S rRNA 遺伝子以外にも多環芳香族化合物の水酸化酵素や抗生物質などの生合成遺伝子を対象に実施されている[8-9].

5.1.3 メタゲノム解析

16S rRNA 遺伝子を指標とした解析では,構成菌種についての機能に関わる直接的な情報が得られにくい.また,機能遺伝子を対象とした場合においても,既知遺伝子配列に基づいて設計されたPCRプライマーを使用するため,新規性の高い遺伝子の取得は困難である.一方メタゲノム解析では,環境より抽出したDNAを直接解析する手法であるため,遺伝子配列を網羅的に解析することができ,環境中の微生物叢を構成する種の特定や存在する機能遺伝子の特定が可能であると考えられる.

メタゲノム解析の方法としては,① 環境から抽出したDNAの断片化

5.1 次世代シーケンサーを利用した環境中の微生物叢（群集）の網羅的な解析

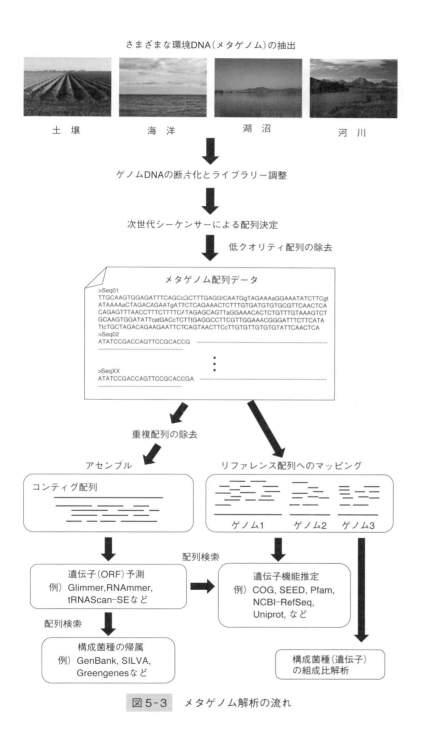

図5-3 メタゲノム解析の流れ

とライブラリーの調製，② シーケンスによる配列の決定，③ 得られた配列の重複配列の除去とアセンブル，④ 遺伝子領域の予測と機能推定からなる（図5-3）[10]．近年では，メタゲノム解析向けのパイプラインの整備も進んでおり，バイオインフォマティクスの予備知識なしに自動で解析結果が得られるようになっている．とくに有名なものはMG-RASTというシステムである[11]．本システムは，Web上にメタゲノムデータをアップロードすることで，環境中の構成菌種や機能遺伝子の組成解析，さらには公開済みのメタゲノムデータとの比較解析が実施可能である．

次世代シーケンサーを用いたメタゲノム解析手法は従来のキャピラリーシーケンサーと比べ，プラスミドやfosmidなどのベクターを用いてDNAライブラリーを作成する必要がない．そのため，解析に必要なDNA量が少量で済み，前処理工程が数日で終了するのが大きな特徴である．

5.1.4 メタトランスクリプトーム解析

DNAを解析対象とするメタゲノム解析では，実際に活動している微生物の遺伝子に加え，死菌や活動が抑えられている微生物の遺伝子も検出されてしまう．そのため，実際に発現している遺伝子を検出するために，RNAを解析の対象としたメタトランスクリプトーム解析が用いられている[12]．

5.2 バイオレメディエーション現場における安全性評価（実施例1）

5.2.1 はじめに

土壌・地下水汚染は，ヒトの健康や生活環境に影響を及ぼす恐れがあるばかりでなく，土地の**ブラウンフィールド**化による経済の停滞を引き起こす深刻な問題である．とくに塩素化エチレン類などの揮発性有機化合物による汚染は発生件数が多く，広範囲に及んでいることが知られている．塩素化エチレン類等に対する効果的な汚染対策技術として，低コストで原位置処理が実施可能な浄化技術であるバイオレメディエーショ

ブラウンフィールド
汚染が原因で売却や再利用，再開発がなされずに放棄されている土地．

5.2 バイオレメディエーション現場における安全性評価（実施例1）

ン（以下，バイレメ）の利用促進が期待されている．

　バイレメのうち，高い分解能力を有する微生物を汚染現場に導入するバイオオーグメンテーションは，汚染度の高い現場における工期の短縮やもともと現場に汚染物質を分解できる微生物があまり存在しないようなケースでも浄化を行うことができる．バイオオーグメンテーションによる浄化においては，環境中への微生物導入における安全性確保に万全を期するため，導入微生物の生態系への影響およびヒトへの健康影響などに関して，「微生物によるバイレメ利用指針」（経済産業省・環境省，平成17年7月告示）が定められ，バイオオーグメンテーション事業の本指針への適合について確認を求めるようになっている．バイレメの現場における微生物群集構造を網羅的に解析することは環境やヒトへの影響を評価することのみならず，浄化の鍵を握る微生物群のモニタリングを通じたプロセスの工学的評価，およびその結果に基づく浄化プロセスへの適切なフィードバックが可能になると期待される．

　従来のクローニング法やDGGE (denaturing gradient gel electrophoresis) 法などの手法で評価できる微生物群は数〜数十％程度の存在比をもつものである．このような解像度で得られる情報は限定されたものであり，プロセスの工学的評価および環境やヒトへの影響評価を行ううえでは，マイナーな微生物群も正確に把握する手法が求められている．次世代シーケンサーは環境中の微生物群集構造解析において，従来技術では実現できないような大量の情報を高精細な解像度で，しかも短時間のうちに得ることができる．本節ではバイレメ現場における次世代シーケンサーを用いた微生物群集構造の網羅的解析が，バイレメの安全性評価などにどのように貢献できるかということについて筆者らの研究グループが実際に実施した事例[13]について述べる．

5.2.2 バイオレメディエーション現場における微生物群集構造解析

　バイレメの現場における微生物群集構造解析のおもな目的は，汚染物質を分解する微生物の導入や現場に存在する分解菌の賦活化剤の導入が，環境中にもともと存在する微生物群集構造に対してどのような影響

DGGE
変性剤の濃度勾配があるゲルを用いるDNAの電気泳動．塩基配列によって泳動度が異なるため，16S rRNA遺伝子配列のように同じ長さのDNA断片同士であっても識別が可能である．

を及ぼすかをモニタリングすることである.

筆者らはテトラクロロエチレンおよびトリクロロエチレンによって汚染された地下水のバイオスティミュレーション処理(有機性資材の投入)現場を対象とし，次世代シーケンサーを用いて微生物群集構造の変化をモニタリングした．地下水試料から核酸の抽出を行い，バクテリアおよびアーキア 16S rRNA 遺伝子の V4 領域を対象として，パイロシーケンス用プライマーセット[14, 15]を用いて PCR を行った．次世代シーケンサー「454 GS FLX+ System」によるアンプリコンシーケンスを行い，得られた配列データについて，QIIME[6]を利用して解析を行った．

アンプリコンシーケンスによって得られた 16S rRNA 遺伝子配列データは，既存の参照 16S rRNA 遺伝子配列データベースに基づき分類され，サンプル内の構成微生物群の門や属レベルでの種多様性やその存在比率を解析することができる．また，81 種類の既知の脱塩素化嫌気性微生物群および 995 種類の有害性微生物群[16]の 16S rRNA 遺伝子データセットを参照データとして利用することで，分解微生物および有害性微生物に該当する可能性のある塩基配列を任意の配列類似度で検出・定量することが可能となっている．さらに，これらの解析を複数のサンプルについて行い，それらの微生物群集構造の変遷や違いも解析することができる．

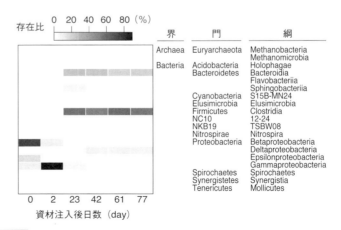

図 5-4 バイオレメディエーション現場における微生物群集の構造解析の例
検出された代表的な綱を記載．

5.2 バイオレメディエーション現場における安全性評価（実施例1）

実際に，この手法をバイオスティミュレーション処理における地下水中の微生物群集構造解析に適用した結果例を図5-4に示す．本バイオスティミュレーションでは有機資材投入前（0日目）あるいは投入直後（1日目）の地下水においてProteobacteria門の細菌由来の**ファイロタイプ**が高頻度で検出されたが，それ以降の解析ではClostridia綱やBacteroidia綱由来のファイロタイプの検出頻度が増加した．この微生物群集構造の変化は有機性資材の投入により地下水中の酸素消費が促進され，嫌気的（無酸素）環境に変化したことに起因しているものと考えられた．トリクロロエチレンなどの還元的脱塩素化に関与する可能性のある微生物群としてDesulfitobacterium属細菌などが有機資材投入後23日以降に増加した．有害性微生物については，有機資材投入直後にAeromonas trota, Comamonas kerstersiiなどの日和見細菌に近縁なファイロタイプが一時的に検出されたが（全リードの0.6％程度），そののちそれらの検出頻度は減少した．また，バイオセーフティレベル3に近縁なファイロタイプは検出されなかった．

ファイロタイプ
一定（97％など）以上の類似度にある配列同士をひとまとまりとしたグループ（系統型）．ファイロタイプごとに系統分類がなされることが多い．

5.2.3 今後の展望

高精細な解像度をもつ次世代シーケンサーの出現により，従来手法であるクローニング法やDGGE法などの微生物群集構造解析手法ではとらえきれなかった環境中に存在するマイナーで多様な微生物群の動態も解析できるようになった．現在，利用されている次世代シーケンサーは一度の解析で十万～一千万リードの塩基配列情報を得ることができ，この解析能力は日進月歩で改良が進められている[17]．得られるリード数が多くなったことで，どのような微生物がいるかという定性的な情報と，それらがどのくらい存在するかという定量的な情報を同時に把握することが可能になってきている．

この技術を利用することで，バイレメなどの環境浄化現場において汚染物質分解に寄与する微生物群の消長だけでなく，もともと現場に存在した微生物群集の変動，さらにはヒトにとって有害な微生物群についても質の高い情報が容易に得られるようになりつつある．これらの情報の利用はバイレメなどの環境微生物利用分野における微生物群の見える化

に繋がり，安全性評価のみならず，有用微生物の制御によるプロセスの効率化にも貢献することが期待される．

5.3 次世代シーケンサーを活用したバイオマス糖化酵素の網羅的探索（実施例2）

5.3.1 はじめに

セルロース系バイオマスの利活用は，地球温暖化をカーボンニュートラルによって抑制するうえで重要な研究課題である．セルラーゼやヘミセルラーゼなどのバイオマス糖化酵素は，植物細胞壁由来のセルロース系バイオマスを加水分解する性質があり，バイオエタノールを生産するプロセスにおいて，セルロースを単糖へ変換する役割を果たす．

バイオエタノールの普及を促進するには，バイオエタノールの生産コストに高い比重を占めているバイオマス糖化酵素の価格を抑えることが必要で，バイオマス糖化酵素の改良や新規酵素の探索が進められている．しかし，従来から実施されている酵素の探索は，微生物の分離と培養を介しており，環境中に存在する未知・未培養微生物は対象にしていない．本節では，次世代シーケンサーを活用し，環境サンプルから未知・未培養微生物に由来するバイオマス糖化酵素を網羅的に探索した事例について紹介する[18]．

5.3.2 メタトランスクリプトーム解析による遺伝情報の収集と酵素の同定

環境中でセルロースなどの木質が分解する過程では，細菌などの原核生物以外に，カビや酵母などの真核生物が精力的に活動している（図5-5）．しかし，真核生物の遺伝子はタンパク質のアミノ酸配列をコードする領域（エクソン）が非コード領域（イントロン）によって分断された複雑な構造をしており，真核生物では完全な遺伝子配列をDNA配列情報から検出することは難しい．一方，メタトランスクリプトーム解析は，環境変化に応答して合成されているRNAを網羅的に解読する手法であり，イントロンを除いた完全な遺伝子配列を検出・捕捉することができる．

5.3 次世代シーケンサーを活用したバイオマス糖化酵素の網羅的探索（実施例2）

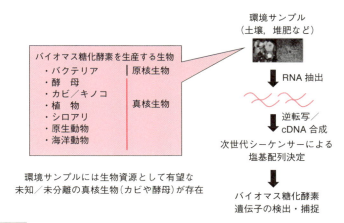

図5-5 次世代シーケンサーを利用したバイオマス糖化酵素の網羅的探索方法

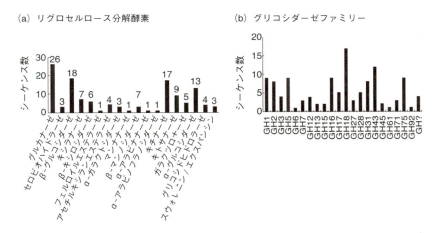

図5-6 アビセルを添加した集積土壌から検出したバイオマス糖化酵素遺伝子[18]

　筆者らは，結晶性セルロースであるアビセルを唯一の炭素源とする培地を調製し，森林土壌を接種した培養液から全RNAを抽出して，poly(A)構造を指標にした真核生物由来のmRNAの精製後にcDNA合成を行い，次世代シーケンサー「454 GS FLX+ System」による塩基配列の決定を行った（図5-5）．取得した約56,000種類の遺伝子配列情報には，129種類のバイオマス糖化酵素をコードする遺伝子配列情報が含まれており，遺伝子配列の特徴から22種類の糖質分解酵素（GH）ファミリーに分類され

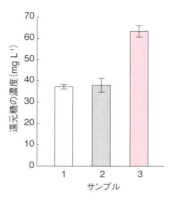

図5-7 CelA酵素によるセルラーゼ活性の促進効果[18]
(1)コントロール，(2)CelAタンパク質のみ，(3)CelA＋市販酵素.

た．また，活性を指標にしたスクリーニングでは検出が困難なエクスパンシンやスウォレニンなどセルロースの結晶構造を緩和して糖化を促進する酵素の遺伝子配列情報の取得に成功した（図5-6）．

そのうち，FX003685遺伝子がコードする推定アミノ酸配列は，*Neosartorya fischeri* のゲノム情報に存在するExtracellular cellulase（CelA）とアミノ酸レベルで79％の相同性を示した．さらに，モチーフ検索の結果から，糖化促進因子であるエクスパンシン特有の保存配列が見いだされた．そこで，人工合成したCelA遺伝子の異種発現系を構築し，遺伝情報から推定される分子量と一致する約34 kDaのタンパク質の発現を確認した．次に，1％アビセルを基質とした溶液中におけるCelAタンパク質の活性評価を行った結果，CelAタンパク質自体にセルラーゼ活性は検出されなかったが，CelAタンパク質は市販糖化酵素の糖化活性を1.8倍に促進することが確認された（図5-7）．

5.3.3 おわりに

環境中には従来の微生物の分離・培養技術では同定することができない，非常に多くの種類の未知微生物が存在している．次世代シーケンサーの登場は，従来の手法ではアプローチすることが難しかった未知・未培養微生物に由来する有用遺伝子や酵素へアクセスする道を拓くことに

5.3 次世代シーケンサーを活用したバイオマス糖化酵素の網羅的探索（実施例2）

なった[19]．

　本節では，メタトランスクリプトーム解析で得られる遺伝情報を活用することで，環境中から真核生物に由来する未知遺伝子資源を網羅的に探索できることを示した．真核生物に由来する酵素はエネルギー生産のみならず，医薬や農業などさまざまな分野に利用されているが，本節で活用した手法は酵素の種類に依存せず，新規の酵素を獲得する手段として活用できる．

◇文　献◇

1) R. I. Amann et al., *Microbiol. Rev.*, **59**, 143 (1995).
2) P. Hugenholtz and G. W. Tyson, *Nature*, **455**, 481 (2008).
3) http://greengenes.lbl.gov/cgi-bin/JD_Tutorial/nph-16S.cgi
4) http://rdp.cme.msu.edu/index.jsp
5) http://www.arb-silva.de/
6) J. G. Caporaso et al., *Nat. Methods*, **7**, 335 (2010).
7) http://www.mothur.org/
8) S. Iwai et al., *ISME J.*, **4**, 279 (2010).
9) J. J. Banik et al., *J. Am. Chem. Soc.*, **132**, 15661 (2010).
10) N. Segata et al., *Mol. Syst. Biol.*, **9**, 1 (2013).
11) http://metagenomics.anl.gov/
12) R. Sorek et al., *Nat. Rev. Genet.*, **11**, 9 (2010).
13) 松倉智子ら，第46回日本水環境学会年会，1-I-11-4 (2012).
14) L. Øvreås et al., *Appl. Environ. Microbiol.*, **63**, 3367 (1997).
15) http://pyro.cme.msu.edu/pyro/help.jsp
16) 日本細菌学会病原体のバイオセーフティレベルリスト http://www.nacos.com/jsbac/infectious_disease/bsl_level.pdf
17) 野田尚宏・関口勇地，日本水環境学会誌，**35**, 290 (2012).
18) K. Takasaki et al., *PLoS ONE*, **8**, e55485 (2013).
19) N. Kimura, *Microbes Environ.*, **21**, 201 (2006).

山副　敦司（やまぞえ　あつし）
2004年東京大学大学院農学生命科学研究科博士課程修了．博士（農学）．現在，製品評価技術基盤機構バイオテクノロジーセンター主任．おもな研究テーマは「環境微生物」．

野田　尚宏（のだ　なおひろ）
1973年千葉県生まれ．2002年早稲田大学大学院理工学研究科博士課程修了．博士（工学）．現在，産業技術総合研究所バイオメディカル研究部門研究グループ長．おもな研究テーマは「生体分子解析技術の開発と応用」．

5章　環境中の微生物群集構造

松倉　智子（まつくら　さとこ）
1982年茨城県生まれ．2010年東京大学大学院農学生命科学研究科博士課程修了．博士（農学）．現在，産業技術総合研究所バイオメディカル研究部門研究員．おもな研究テーマは「微生物生態学」．

三浦　隆匡（みうら　たかまさ）
1982年神奈川県生まれ．2011年東京農工大学大学院連合農学研究科博士課程修了．博士（農学）．現在，製品評価技術基盤機構バイオテクノロジーセンター研究職員．おもな研究テーマは「ゲノム微生物学」．

木村　信忠（きむら　のぶただ）
1968年生まれ．1997年九州大学大学院農学研究科博士課程修了．博士（農学）．現在，産業技術総合研究所生物プロセス研究部門研究グループ長．おもな研究テーマは「環境微生物，メタゲノム解析」．

6章 植物ゲノム解析

PART 2 次世代シーケンサーの利用例

重信　秀治・澤　進一郎・栗原　志夫・持田　恵一
山口（上原）由紀子・高木　宏樹・阿部　陽
寺内　良平・髙橋　聡史・関　原明

NGS（次世代シーケンサー）で何が変わった？

導入前 before

- 変異体の原因遺伝子を同定するには，熟練者でも多くの手間と1年以上の時間がかかる
- 近縁な種間や系統間ではSNP（一塩基多型）が少ないので，二つを区別するためのマーカーを得るのが困難である
- マイクロアレイ解析では発現しているRNAの相対量がわかる

導入後 after

- 次世代シーケンサーと遺伝的ラフマッピングとを併用することで，ゲノム中の変異原因領域を**迅速**（1年未満）に絞り込める
- 一度に大量の情報が得られるので，近縁な種間や系統間でも**大量に**マーカーが得られる
- RNAの発現を**1塩基レベルの解像度**で調べることができ，さらに転写の方向性もわかる

6章　植物ゲノム解析

6.1　モデル植物における次世代シーケンシング

　次世代シーケンシング（next-generation sequencing: NGS）技術が世に登場してまだ10年足らずであるが，その革新的技術は基礎研究から育種まで植物科学研究の諸分野にすっかり浸透してきた．ゲノム解析のみならず，トランスクリプトーム解析やエピゲノム解析などに幅広く活用され，これまで不明であったさまざまな植物での生命現象の分子機構が急速に明らかになりつつある．

　本章では植物研究のなかでも，とくにモデル植物における次世代シーケンシングの活用例を四つ紹介する．筆者らの成果から，ゲノムリシーケンスによる原因遺伝子同定について二つ，トランスクリプトーム解析について二つの例を取りあげる．最後に，植物ゲノム特有の次世代シーケンシングの適用の難しさと課題について議論する．

6.2　変異体の原因遺伝子の迅速同定

6.2.1　SHOREmap法による原因遺伝子の同定法

　モデル植物のシロイヌナズナ（*Arabidopsis thaliana*）は，実験室での栽培が容易であり，生活環も約3か月と短い．多くの変異体がストックされており，また変異体の作出も容易である．とくに順遺伝学的なスクリーニングに強みを発揮する．従来の方法では，単離した突然変異体は遺伝学的マッピングに基づいて**ポジショナルクローニング**を行い，原因遺伝子を同定する．しかし，これら一連の作業は大変な手間と多くの時間を要し，熟練の研究者でさえも，多くの場合原因遺伝子の同定まで1年以上かかる．そのため，世界中のシロイヌナズナの研究グループにより，次世代シーケンシングを利用した原因遺伝子同定の迅速化が図られた．

　全ゲノムシーケンスによる原因遺伝子同定手法にはいくつかの異なったスキームが提案されている．たとえば，SHOREmap法では変異体をバックグラウンド（遺伝的背景）の異なる系統と交配し（例として，シロイヌナズナ変異体がCol系統由来とし，Ler系統とかけあわせる場合を考える），形質の異なるF2（孫の世代）を数百個体集めたバルクDNAに

ポジショナルクローニング
ある変異体を異なる野生型系統と戻し交配した後代のゲノムの遺伝型を網羅的に調査し，原因遺伝子の遺伝子座を特定する．その該当領域の塩基配列を決定することで，原因遺伝子の特定を行う手法．

6.2 変異体の原因遺伝子の迅速同定

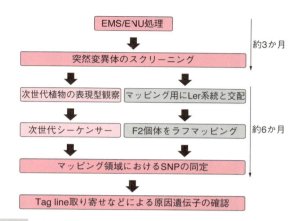

図6-1 次世代シーケンサーによる原因遺伝子単離のストラテジー

ついて全ゲノムシーケンスする[1]．アレル頻度をゲノムワイドに調べると，ほとんどの領域でCol系統とLer系統のアレル頻度は半々であるが，原因遺伝子の近傍はCol系統由来のアレル頻度が1に近づくので，これを指標に原因遺伝子を絞り込む．この方法には，変異体と同じバックグラウンドの系統とバッククロス（戻し交配）する変法もある[2]．変異原によってゲノムに導入された変異は全ゲノムシーケンスによって明らかにできるので，これらの変異について，アレル頻度を調べるためのマーカーとして利用する．ある変異体を異なる野生型系統と戻し交配すると，系統間の性質の違いにより，もとの突然変異体の異常な表現型が見えなくなる場合も少なくないので，そのような変異体の解析には有用である．

6.2.2 遺伝的マッピングと次世代シーケンシングを併用した新手法

筆者らは，遺伝学的ラフマッピングと次世代シーケンシングを併用することによって，変異体各個体を（バルクにせずに）直接全ゲノムシーケンスすることで原因遺伝子を迅速かつ安価に同定する手法を開発した[3]．本法は，上述のSHOREmap法やその変法と違って数百ものF2個体を必要としないため，十分な変異体の数を揃えられない実験系でも適応が可能である．ここでは，シロイヌナズナの高濃度ホウ素要求性変異体の原因遺伝子の単離に約半年で成功した例を紹介する（図6-1）．

表6-1　b26-6の原因遺伝子候補同定に向けた条件

条　件	値
EMS処理条件	0.13〜0.25%（v w^{-1}） 12.5時間
全ゲノム中から検出されたSNP数	2162
変異源処理によって生じたSNP数	2046
G・CからA・Tへの塩基置換	462
エクソンもしくはアクセプター/ドナーサイトに生じたSNP数	179
SNPが検出された遺伝子数	177
ラフマッピングに用いたF2の個体数	12
ラフマッピングされた領域	0.56 Mb
ラフマッピングされた領域に含まれる遺伝子数	175
ラフマッピングされた領域に含まれる遺伝子に入ったSNP数	3
アミノ酸置換を伴うSNP数	2

　突然変異体を作成するため，野生型Col系統をアルキル化剤であるethyl methanesulfonate（EMS）で処理した．EMSはゲノムのG・CをA・Tへとランダムに変異を誘発させる．次に，通常のホウ素濃度の培地で根が十分に生長しなかった個体を，ホウ素濃度が濃い培地に移して培養し，根が伸長したものを選抜した．つまり，これらの個体は根の伸長において，野生型に比べ多量のホウ素を必要とする突然変異体である．

　このスクリーニングによって13個体の突然変異体が得られ，その一つをb26-6変異体と名づけた．このb26-6変異体とLer系統を交配し，そのF2の12個体について古典的な遺伝学的ラフマッピングにより，5番染色体の0.70〜1.26 Mb領域に原因遺伝子が存在することが示唆された．シロイヌナズナのゲノムデータベースに基づくと，この0.56 Mbに渡る領域には，175の遺伝子が存在する（表6-1）．

　一方，遺伝学的ラフマッピングと並行して，次世代シーケンサー「SOLiD」でb26-6変異体を全ゲノムシーケンスし，Col系統のリファレンスゲノムにマッピングした．その結果，この変異体のゲノム中には2162個のSNP（single nucleotide polymorphism）が検出された．また，b26-6変異体と同じスクリーニングで得られたほかの変異体についても，7個体のシーケンスを行った．すべての変異体に共通して存在するSNP

は，変異体の作成に用いた種子がもともともっていたと考えられるので，それらを除くとSNPは2046個であった．さらに，EMSによるG・CからA・Tへの置換にかぎると，SNPは462個に絞られた．そのなかで，エクソン内の変異は179個であった．

最後に，先述の遺伝学的ラフマッピングの結果と次世代シーケンシングによるSNP解析結果を統合する．遺伝学的ラフマッピングで狭められた5番染色体の0.56 Mbの領域内には，三つのSNPがあり，そのうちの二つがアミノ酸置換を伴う変異であった．つまり，b26-6変異体の原因遺伝子を二つの候補遺伝子に絞り込むことができたのである．

候補の一つである*CTR1*遺伝子は，エチレンのシグナル伝達に関わることが知られている．しかし，既報の*ctr1*変異体がb26-6変異体と同じ表現型を示したことから，b26-6変異体の原因遺伝子は*CTR1*遺伝子であることがわかった．このように，原因遺伝子が絞り込まれたあとは，アレルと思われる変異体の種をストックセンターから取り寄せ，同様の表現型を示すか確認し，**アレリズムテスト**などで原因遺伝子を確定する．筆者らの開発した次世代シーケンシングによる全ゲノムシーケンス解析と遺伝学的ラフマッピングを併用する手法は，シロイヌナズナ以外のゲノムが公開されている生物種にも適応可能であり，すでにイネやゼニゴケ，ミヤコグサで原因遺伝子の同定に成功している．

6.3 量的形質遺伝子座の迅速同定：QTL-seq法

収量，品質および環境ストレス耐性などの形質は，**量的形質**に分類される．そのような形質を制御する量的形質遺伝子座（quantitative trait loci: QTL）の同定を迅速かつ簡便に達成することは，育種および進化研究の分野で重要な課題である．これまで遺伝学的解析手法を用いた品種間交雑後代におけるQTL同定法では，まず，交配に用いる品種間で多型を示すDNAマーカーを多数設計する必要があった．次にその品種間交雑後代において，設計された多数のDNAマーカーによる連鎖解析を行い，原因遺伝子のあるゲノム領域を決定してきた．しかし，この方法では，DNAマーカーの開発において多大なコスト，時間および労力を

アレリズムテスト
二つの由来の異なる劣性変異体同士を交配したF1が親の変異体と同じ異常を示す場合，その形質の原因遺伝子は親と同じとする試験．

量的形質
草丈や収量などのように連続した数値で示される形質．量的形質は複数の遺伝子の効果に影響される．

6章 植物ゲノム解析

要する．筆者らが開発した「QTL-seq 法」は，次世代シーケンシングを用いて特定の品種間の量的形質の差異を決定している QTL を，従来法と比較して迅速かつ簡便に同定する技術である[4]．

6.3.1 QTL-seq 法

QTL-seq 法の原理を，草丈に差異が見られるイネ品種間（品種 A および B）において，品種 A が有する草丈を高くする QTL を同定する例に説明する（図 6-2a）．QTL-seq 法では，まず，品種間で交雑後代を育成して形質の評価を行う．複数の QTL が関与する草丈のような量的形質の頻度分布は，交雑後代において多くの場合，連続分布となる．次に，交雑後代のうち，両極の表現型（草丈の高いものと低いもの）を示す個体

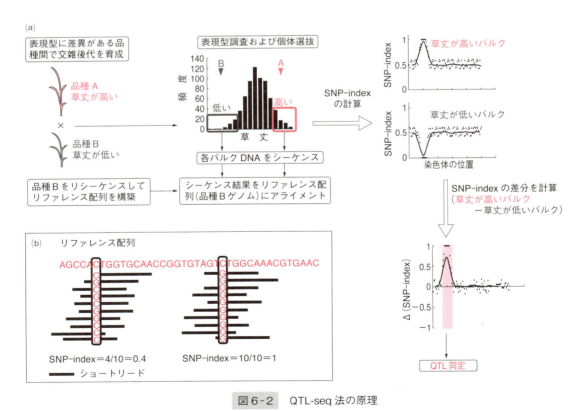

図 6-2　QTL-seq 法の原理
(a) 草丈を高くする QTL の同定例．(b) SNP-index の計算例．

をそれぞれ20個体以上選抜し，各個体から抽出したDNAを等量ずつ混合する．その混合DNAサンプル（バルクDNA）を，次世代シーケンサーを用いて全ゲノムシーケンスする．

シーケンスの結果のデータ解析は次のとおりである．まず，交配親の片親の基準配列を構築する．次に，構築した基準配列に対してバルクDNAのシーケンス結果をアライメントし，その結果からSNP-index[5]を計算する（図6-2b）．SNP-indexは，ゲノム中のあるポジションにおいてアライメントされたリード（塩基配列）のうち，基準配列と異なる塩基をもつリードの割合である．たとえば，10リードがアライメントされ，そのうち4リードが基準配列と異なる場合，そのポジションにおけるSNP-indexは，0.4となる．このような計算を全ゲノム領域について行う．図6-2では，品種Bを基準配列としているので，高いSNP-indexを示す領域は，バルクDNAに用いた個体群において品種Aゲノムをもつ頻度が高いゲノム領域であることを示す．反対に低いSNP-indexを示す領域は，バルクDNAに用いた個体群において品種Bゲノムをもつ頻度が高いゲノム領域であることを示す．最後に，各SNPポジションにおけるSNP-indexの差〔Δ（SNP-index）〕を計算し，バルクDNA間でSNP-indexの値に有意に差異が見られる領域をQTLとして同定する．

6.3.2 QTL-seq法のメリット

近縁種間では多型を示すDNAマーカーの数は少なくなるため，従来法での連鎖解析が困難であった．一方QTL-seq法は，品種間で多型を示すDNAマーカーを設計する必要がないので，交雑に用いる品種間の類縁関係に制限がない．近縁品種交雑を用いたQTL解析では，一つの形質に関与するQTLの数が少ないため，各QTLがもつ形質への寄与率は相対的に高く，QTLの同定が容易になると期待される．QTL-seq法では品種間のすべての多型がDNAマーカーとして使われるので，近縁品種間の交雑後代を有効に用いることが可能となり，わずかな形質の差異に寄与するQTLを同定し易くなる．

QTL-seq法におけるSNP-indexは，別の見方をすると遺伝的多様性の指標と考えられる．SNP-indexが0.5で変異量は最大であり，0または1

6章 植物ゲノム解析

ハプロタイプ
一つの染色体上における対立遺伝子の組合せ.

selective sweep
ある生物種の集団において,自然選択や人為選択によって,特定のゲノム領域において塩基の多様性が失われる現象.自然選択や人為選択の痕跡.

で最小となる.ある交雑集団において人為選択を行うと,集団内の**ハプロタイプ**がどちらかの親系統のゲノムに偏り,遺伝的変異が減少する.このような偏りは,集団遺伝学における **selective sweep** と同義である.筆者らは現在,QTL-seq法を自然集団にも適応し,selective sweep を同定することも目指している.

6.4 新しい草本モデル植物ミナトカモジグサのトランスクリプトーム解析

ミナトカモジグサ(*Brachypodium distachyon*)は,イネ科イチゴツナギ亜科に属する草本植物で[6](図6-3),個体が小さく実験室内でも栽培でき,形質転換も容易であることなどから,草本植物の新興モデル植物として注目されている.とくに,同亜科に属するコムギやオオムギといったムギ類作物やバイオマス資源用の大型草本植物の改良を進めるうえでの有用な遺伝子の探索や,それらの機能の解明に役立つことが期待されている.ゲノムサイズは272 Mbと高等植物のなかでは小さく,国際コンソーシアムにより2010年にゲノムが解読された[7].

筆者らはミナトカモジグサの完全長cDNAを収集し[8, 12],トランスク

図6-3 ミナトカモジグサ(*Brachypodium distachyon*)
(a) 実験室内で栽培したミナトカモジグサ Bd21 系統,(b) ミナトカモジグサとほかの植物種との系統関係[6].赤字はブートストラップ値.

6.4 新しい草本モデル植物ミナトカモジグサのトランスクリプトーム解析

リプトーム解析とデータベース基盤の整備を進めている．この新興モデル植物の研究基盤整備を次世代シーケンシングによって短期間で成功させた例を紹介する．国際コンソーシアムによるミナトカモジグサの遺伝子構造アノテーションは，Phytozome[9]やMIPS[10]などから公開されている．しかし，非翻訳領域に関する記載のない転写単位も多く，これらの公的データベースや完全長cDNAだけでは，トランスクリプトーム情報は不十分である．そこで，多様なサンプルについてRNA-seq (RNA-sequencing)解析により，ミナトカモジグサのトランスクリプトームを網羅的に取得し，その遺伝子モデルの更新を進めている．

筆者らは，ミナトカモジグサの生活環の各ステージの主要な組織から抽出したRNA，および乾燥や塩といった環境ストレスを与えた植物体から抽出したRNAからストランド特異的mRNA-seqライブラリーを構築し，転写の方向性を維持したmRNA-seq (directional mRNA-seq)解析を行った．illumina社「Hiseq2000シーケンサー」によって得られた配列を，PASAパイプライン[11]を用いて，リファレンスゲノムへマッピングし，転写単位およびスプライシングパターンの同定を行った．その結果，新規遺伝子モデル，10,000以上もの新規スプライシングパターンを見いだすことができた．さらに，組織ごとの遺伝子発現レベルデータから，発

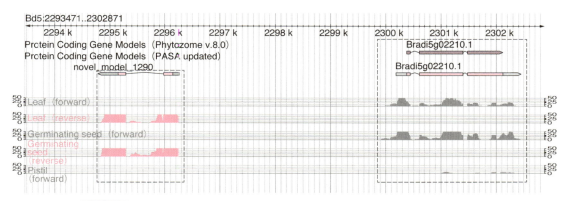

図6-4 ミナトカモジグサのdirectional mRNA-seqデータによる遺伝子構造予測

順鎖方向の転写物に由来するリードを灰色で，逆鎖方向の転写物に由来するリードを赤色で表示．novel_model_1290は新規の転写単位と予測される．Bradi5g02210.1の転写領域はRNA-seqのデータにより修正され，5′UTRと3′UTRが更新されている〔Protein Coding Gene Models (PASA updated)〕.

現パターンデータベースを構築した．どの遺伝子のどの転写物が，いつ，どれくらいのレベルで発現しているかを，1塩基の解像度で，しかもストランド特異的に把握することが可能となった（図6-4）．

基盤情報整備のための大規模トランスクリプトーム解析を行う一方で，筆者らはパーソナル型次世代シーケンサーを導入して，興味のある生命現象に焦点を当てた解析も進めている．パーソナル型次世代シーケンサーは，手軽かつ迅速にデータを得ることができるため，個別研究を展開するうえでの意志決定が格段に早くなり，有用遺伝子の探索・同定の上で有用である．たとえば，筆者らが利用している「IonPGM シーケンサー」と Ion Total RNA-seq v2 Kit を組み合わせた系では，1 サンプルあたり約 500 万リードの mRNA-seq 解析を 2 日以内で行うことができる．また，必要な RNA サンプル量が少なくてよく（total RNA で 100 ng, polyA+RNA で 1 ng），葯や胚など微小組織の解析も可能である．

筆者らはこのシステムを用いてミナトカモジグサの葯組織の RNA-seq 解析を行い，先述の発現パターンデータベースに含まれる 15 の生活環組織のトランスクリプトームデータと比較することで，葯特異的な転写産物を 1000 種類以上見いだすことができた．

6.5 RNA-seq 解析による新規な RNA 制御機構の発見

これまでトランスクリプトーム解析によく用いられたエクソンマイクロアレイと異なり，次世代シーケンシングを用いた RNA-seq 解析は，ゲノムの未知領域から発現する転写産物を検出することが可能である．ここでは，RNA-seq 解析を用いて，植物の新規の RNA 制御系を明らかにした研究例を紹介する[13]．

RNA はその種類によってさまざまなリボヌクレアーゼによって分解される．シロイヌナズナには，酵母で同定されている 5′-3′ エキソリボヌクレアーゼ RatI のオーソログが三つ（*XRN2*, *XRN3*, *XRN4*）存在する．また，FRY1 は XRN のインヒビターとなる化合物を分解し，各 XRN がヌクレアーゼ活性を保つために必要な因子であることが知られている．筆者らは，シロイヌナズナにおける XRN ヌクレアーゼの標的 RNA 群

6.5 RNA-seq 解析による新規な RNA 制御機構の発見

を同定するために，各 *XRN* 遺伝子と *FRY1* 遺伝子の変異植物，および XRN の二重変異植物におけるトランスクリプトームを RNA-seq 解析によって調べた[13]．その結果，興味深いことに，*xrn3* の変異をもつ植物群および *fry1* 変異植物でのみ，mRNA のちょうど 3′ 末端にマップされる 2000 を超える非コード RNA 群の蓄積が検出された（図 6-5a）．酵母では Rat1 が mRNA 転写に伴い余分に転写されてしまった残存 RNA の除去を担っている．一方，筆者らの RNA-seq 結果は，シロイヌナズナでは三つの Rat1 様ヌクレアーゼパラログのうち XRN3 のみが，FRY1 とともにこの転写物の除去に関わっていることを示している（図 6-5b）．

次に，ゲノム DNA のメチル化がこの RNA 制御にどのように関わっているかを調べた．植物の DNA メチル化は CG，CHG，CHH 配列に対して起こる．この最も重要な役割は，メチル化部位の転写を抑制し，ゲノム上の転移因子などの活動を抑制することである（図 6-5c）．筆者らは，**BS-seq**（bisulfite-converted sequencing）法により，前述の *fry1* 変異体においてゲノムワイドな DNA メチル化のレベルを調べた（メチローム解析）．その結果，22 領域において，野生型と比べて *fry1* 変異体で DNA メチル化が減少していた．RNA-seq 解析のデータと照らし合わせ

BS-seq 法
bisulfite 処理によって，非メチル化シトシンはチミンに変換されるが，メチル化シトシンは変換されない．これを利用して次世代シーケンシング解析を行い，メチル化部位を同定する方法．

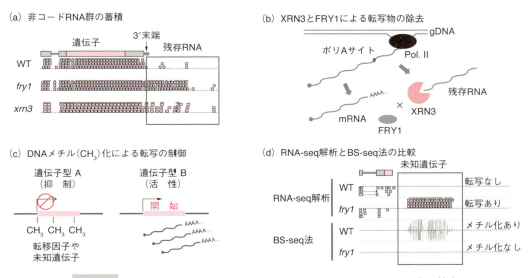

図 6-5　次世代シーケンシングによる RNA とゲノム DNA のメチル化の検出

ると，図6-5(d)に示すように，そのうちの6領域において転写物の蓄積増加が確認できた．逆に，fry1変異体の11領域においてDNAメチル化が増加し，そのうちの3領域において転写物の蓄積減少が見られた．一方，メチル化が増加し，転写が活性化する領域は見られなかった．このように変異体を用いたメチローム解析とトランスクリプトーム解析を組み合わせることで，メチル化部位と転写部位の関係をゲノムワイドに読み解くことが可能となる．

6.6 植物ゲノム研究における次世代シーケンスの課題：反復性への挑戦

紹介した四つの研究例からもうかがえるように，植物研究における次世代シーケンスの有用性は明白である．しかし，植物研究への次世代シーケンスの適用には，植物ゲノムの特質に由来する特有の難しい課題があることも次第に明らかになってきた．その特質とは「反復性」である．第一に，トランスポゾンなどの繰り返し配列を多くもつ種が多い．第二に，多くの植物ゲノムは倍数性を示す．倍数性とは，同一の核内に複数の染色体セットが共存する現象である．倍数性は魚類や両生類などの一部の例外を除きほとんど知られていないが，高等植物では約70％の種が倍数種であるといわれている．ゲノムにせよトランスクリプトームにせよ，塩基配列の反復性は現在主流の次世代シーケンサーであるショートリード型シーケンサーにとっては厄介である．なぜなら，短い配列の比較では似た配列を区別することが困難だからである．

そのような状況にも関わらず，バイオインフォマティクスやライブラリー作製の工夫を重ねることによって，次世代シーケンスによる植物ゲノムの解読は注目すべき成功をおさめている．たとえば，六倍体であるパンコムギ (*Triticum aestivum*) のゲノム (17 Gb) は全ゲノムショットガンシーケンス法で解読された[14]．そのアセンブルには，近縁種のシンテニー情報が最大限に利用されている．針葉樹のゲノムは巨大であることが知られているが，国際チームはメイトペアライブラリーやfosmidライブラリーなど異なるタイプのシーケンスライブラリーを複合的に利用

する階層的アセンブル戦略により，トウヒ（*Picea abies*）のゲノム（20 Gb）のアセンブルに成功した[15]．倍数種のトランスクリプトーム解析においては，**ホメオログ**（homeolog）は配列が互いに類似していることが多い．そのため，次世代シーケンスから得られたショートリードをマッピングする際に，どのようにしてホメオログを区別するか，インフォマティクスの工夫が重要になる[16]．

ホメオログ
ゲノム倍加によって生じた相同遺伝子．

　このように，植物ゲノムの反復性は次世代シーケンシングにとって大きな挑戦である．シロイヌナズナは二倍体であり，植物としては小型で比較的シンプルなゲノムをもっているが，過去にゲノム倍加を複数回経験しており，ゲノムにその痕跡が認められる．また，局所的なゲノムの重複は植物ではごく普通に観察される特徴である．繰り返し配列や倍数性は植物の進化の原動力と考える研究者も多く，多くの作物が倍数体起源であることから育種のうえでも重要である．したがって，反復性は植物ゲノムの本質であり，いかに困難であっても植物研究で次世代シーケンシングを行う以上，克服しなければいけない課題である．

6.7　おわりに

　今後次世代シーケンシング技術がさらに幅広く，そして深く植物研究に浸透し，われわれ植物研究者が次世代シーケンシングの技術的・コスト的制約から解放され，バイオロジーに集中できるようになる日もそう遠くはないであろう．その一方で，PCRのように各研究室に装置が配備され，学生までもが気軽に利用できるようになるにはまだ時間を要するだろう．次世代シーケンサーはいまだ高価な機器であり，使いこなしには高度なノウハウが必要である．

　幸いなことに，わが国では，あらゆる植物研究者が次世代シーケンシング技術を享受できるよう，次世代シーケンサーを用いた植物研究基盤〔植物科学最先端研究拠点ネットワーク[17]〕が整備されている．基礎生物学研究所，理化学研究所，筑波大学など高度なシーケンス解析技術をもつ各拠点で基盤整備を行い，ネットワークとして連携し，植物科学コミュニティをサポートしている．筆者らのグループも拠点機関の一員と

して参画しており，このネットワークが次世代シーケンシングによるグリーンイノベーションの推進につながることを願っている．

◇文　献◇

1) K. Schneeberger et al., *Nature methods*, **6**, 550 (2009).
2) G. V. James et al., *Genome Biol.*, **14** R61 (2013).
3) R. Tabata et al., *Plant Signaling & Behavior*, **26**, 8 (2012).
4) H. Takagi et al., *Plant j.*, **74**, 174 (2013).
5) A. Abe et al., *Nat. Biotechnol.*, **30**, 174 (2012).
6) J. P. Vogel et al., *Theor. Appl. Genet.*, **113**, 186 (2006).
7) International Barley Genome Sequencing Consortium, *Nature*, **491**, 711 (2012).
8) K. Mochida et al., *PLoS ONE*, **8**, e75265 (2013).
9) http://www.phytozome.net/
10) http://mips.helmholtz-muenchen.de/plant/brachypodium/
11) Haas BJ, http://pasa.sourceforge.net/
12) http://brachy.bmep.riken.jp/ver.1/index.pl
13) Y. Kurihara et al., *G3*, **2**, 487 (2012).
14) R. Brenchley et al., *Nature*, **491**, 705 (2012).
15) B. Nystedt et al., *Nature*, **497**, 579 (2013).
16) K. V. Krasileva et al., *Genome Biol.*, **14**, R66 (2013).
17) http://www.psr-net.riken.jp

重信　秀治（しげのぶ　しゅうじ）
1973年宮崎県生まれ．2001年東京大学大学院理学系研究科博士課程修了．博士（理学）．現在，基礎生物学研究所生物機能解析センター特任准教授．おもな研究テーマは「共生とゲノム進化」．

栗原　志夫（くりはら　ゆきお）
1977年茨城県生まれ．2006年東京大学大学院総合文化研究科博士課程修了．博士（学術）．現在，理化学研究所環境資源科学研究センター合成ゲノミクス研究チーム研究員．おもな研究テーマは「植物ゲノム科学」．

澤　進一郎（さわ　しんいちろう）
1971年高知県生まれ．1999年京都大学大学院理学研究科博士課程修了．博士（理学）．現在，熊本大学大学院自然科学研究科教授．おもな研究テーマは「植物幹細胞機能調節機構と線虫感染機構の解析」．

持田　恵一（もちだ　けいいち）
1975年生まれ．2003年横浜市立大学大学院総合理学研究科博士課程修了．博士（理学）．現在，理化学研究所環境資源科学研究センターバイオマス研究基盤チーム副チームリーダー．おもな研究テーマは「植物のゲノム機能の理解と利用」．

6.7 おわりに

山口（上原）　由紀子〔やまぐち（うえはら）　ゆきこ〕
1981 年生まれ．20C5 年東北大学大学院生命科学研究科修士課程修了．修士（生命科学）．現在，理化学研究所環境資源科学研究センターバイオマス研究基盤チームテクニカルスタッフ．

寺内　良平（てらうち　りょうへい）
1960 年兵庫県生まれ．1990 年京都大学大学院農学研究科博士課程修了．博士（農学）．現在，岩手生物工学研究センター研究部長．おもな研究テーマは「植物遺伝学」．

高木　宏樹（たかぎ　ひろき）
1984 年富山県生まれ．2014 年岩手大学大学院連合農学研究科博士課程修了．博士（農学）．現在，岩手生物工学研究センター主任研究員．おもな研究テーマは「植物遺伝育種学」．

高橋　聡史（たかはし　さとし）
1984 年京都府生まれ．2007 年長浜バイオ大学卒業．学士（生命科学）．現在，理化学研究所環境資源科学研究センター植物ゲノム発現研究チームテクニカルスタッフ．

阿部　陽（あべ　あきら）
1975 年青森県生まれ．2012 年岩手大学大学院連合農学研究科博士課程修了．博士（農学）．現在，岩手生物工学研究センター研究主査．おもな研究テーマは「植物遺伝育種学」．

関　原明（せき　もとあき）
1966 年兵庫県生まれ．1994 年広島大学大学院理学研究科博士課程修了．博士（理学）．現在，理化学研究所環境資源科学研究センター植物ゲノム発現研究チームチームリーダー．おもな研究テーマは「環境ストレス適応，植物ゲノム発現制御」．

PART 2　次世代シーケンサーの利用例

7章　海洋生物のゲノム解読とその広がり

佐藤　矩行・將口　栄一・新里　宙也
竹内　猛・川島　武士

次世代シーケンサー NGSで何が変わった？

導入前 before
- 分子生物学的研究をするための基盤整備に億円単位の膨大なコストがかかる
- FISH法などの核型解析では，近縁な種間でのみ核型の比較が行える
- 特定の遺伝子を用いて系統学的解析を行う

導入後 after
- 研究基盤が整備されていない非モデル生物のゲノム解読でも低コストで行うことができる
- **多数の遺伝子**や**ゲノム構造の比較**に基づく系統学的解析が行える

7.1 海洋生物のゲノム解読

　海は命の揺りかごである．ほぼすべての生物はそこで生まれ，育ち，進化し，現在も多様な生命活動を営んでいる．世界中の研究者の共同による最近の海洋生物種数の見積もりでは，これまでに7593種の植物（紅色植物などを含む），19,444種のクロミスタ（卵菌など），542種の原生動物（アメーバなど），1035種の菌類，約200,000種の動物が記載されており，これに未同定・未発見の種を加えるとその数は100万に届くと考えられている（表7-1）[1]．これら海洋生物が示す多様な生物現象を解析するためには，研究の基盤としてその生物のゲノム情報をもつことが望まれる．

　1998年に動物として初めて線虫ゲノムが解読され，ショウジョウバエゲノムとヒトゲノムがそれに続き，さらに21世紀に入って多くの動物のゲノムが解読されてきた（図7-1）[2]．ゲノム解読は高額の費用と多くの研究者の協力を必要とするが，近年，次世代シーケンサーの導入も相まってさらに多くの海洋生物のゲノム解読が進んでいる．筆者らの研究グループは，2002年に動物では7番目（海洋動物としてはトラフグに次いで2番目）のゲノムとして，カタユウレイボヤ（*Ciona intestinalis*）のゲノムを解読した[3]．このホヤゲノム（約160 Mb）には約15,600個のタンパク質をコードする遺伝子が存在し，その後の研究で，ほぼすべての発生に関わる転写因子や細胞間シグナル分子が同定されている[4]．

　ホヤは脊椎動物に最も近縁であるにも関わらず，ほかの動物と比較して簡単な発生様式を示す．受精卵からオタマジャクシ幼生の発生に至る

表7-1　海洋生物の種数

分類	記載数	未記載数（推定）	合計
植物	7593	約15,400	約23,000
クロミスタ	19,444	約74,500	約94,000
原生生物	542	約1650	約2200
菌類	1035	約14,950	約16,000
動物	約200,000	約636,800	約836,800
総計	約228,700	約743,300	約972,000

W. Appeltans et al., *Curr. Biol.*, **22**, 2189 (2012) に基づく．

7.1 海洋生物のゲノム解読

細胞の系譜が記載されており，圧細胞の発生運命の決定や分化の分子メカニズムを1細胞のレベルで解析することができる．ここに比較的コン

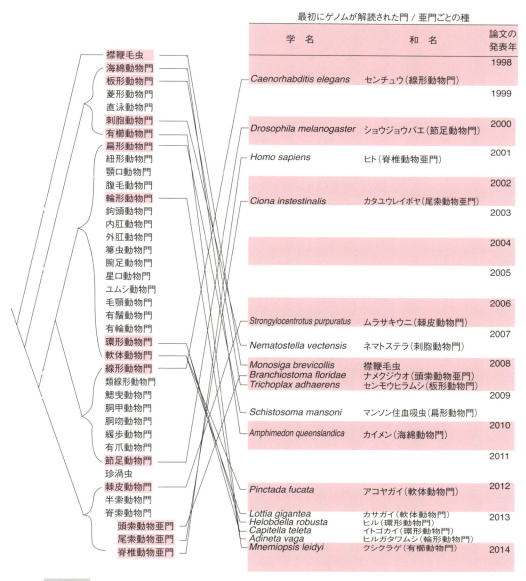

図7-1　動物の系統関係（34門＋襟鞭毛虫）とこれまでにゲノムが解読されたおもな動物
　　　ゲノムが解読された年代順に示した．なお，珍渦虫の系統関係についてはさまざまな議論がある．

パクトなゲノム情報が加わることによって，カタユウレイボヤは現在，動物の発生メカニズムをゲノム科学的に解析するうえでのモデル動物となっている[5]．

筆者らの研究グループは，その後，ナメクジウオ[6]，サンゴ[7]，アコヤガイ[8]，カッチュウソウ[9]などの海洋生物のゲノム解読を行った．これらは，生物の進化や環境応答，機能に関連するゲノム解読であり，今日の海洋生物ゲノム科学の一翼を担う．以下，それぞれについて概説する．

7.2 進化ゲノム科学

地球上には現在，体制が比較的単純なカイメンから最も複雑なヒトまで100万種を超える多細胞動物が棲息している[10]．動物で起こった大規模な進化を考えるとき，① 動物に最も近縁とされる単細胞生物襟鞭毛虫類からの多細胞化，② 刺胞動物などの二胚葉動物の進化，③ 節足，環形，軟体，棘皮動物などの三胚葉動物の進化，④ 三胚葉動物における新口動物と旧口動物との分岐，⑤ 旧口動物における脱皮動物と冠輪動物の進化，⑥ 新口動物共通祖先からの脊索動物の進化，⑦ われわれヒトを含む脊椎動物の進化など，いくつかの主要進化イベントが浮かび上がる（図7-1）[11]．動物ゲノムの解読は分子系統学的解析とともに，これらの進化がどのように起こったのかについて多くの示唆をもたらしてきたが，筆者らはとくに⑥の新口動物共通祖先からの脊索動物の進化に興味をもち，ゲノム解読を進めている．

脊索動物は脊索や背側神経管などの共有形質によって特徴づけられる動物群で，ホヤなどの尾索類，ナメクジウオの頭索類，およびわれわれヒトを含む脊椎動物からなる．脊索動物の起源と進化の問題は，尾索類と頭索類のどちらがより祖先的かなどをめぐって，1世紀以上に渡って熱い議論が続いてきた．2002年の筆者らのホヤゲノム解読の目的の一つは脊索動物の起源と進化を理解することであった[3]．しかし，カタユウレイボヤゲノムは，尾索類が濾過摂食を行う生活様式に特化したことを反映してか，遺伝子の進化速度がほかの動物に比べてかなり早かった．また，**Hox クラスター**も二つの染色体に分かれ，そのいくつかを失う

Hox クラスター
動物の前後軸形成に関わるホメオボックス遺伝子が複数並んでいる領域．遺伝子重複により生じたと考えられる．

7.2 進化ゲノム科学

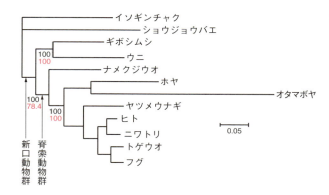

図7-2 ゲノム情報をもとにした新口動物の系統類縁関係

ゲノムが解読された（あるいはそれに相応するゲノム情報をもつ）12種の動物に共通する1090の相同遺伝子がコードするアミノ酸配列（100,000以上）の比較をもとにベイズ法によって解析した系統樹．スケールバーはアミノ酸当たりの予測置換数を，分岐の下の値はベイズ法（黒）および最尤法（赤）によるブートストラップ値を表す．新口動物群は，半索動物と棘皮動物からなるグループと脊索動物のグループからなり，頭索類は脊索動物のなかで最も初期に分岐し，そのあとに尾索類と脊椎動物が進化してきたことを示す．ホヤとオタマボヤの線が長いのは，この動物群（尾索類）でのアミノ酸の置換率が高いことを示す（文献6を改変）．

など変化しており，脊索動物の起源と進化を考えるうえで多くの示唆を得るには至らなかった．

そこで筆者らは，ホヤに続いて2008年にフロリダナメクジウオ（*Branchiostoma floridae*）のゲノムを解読した[6]．ナメクジウオのゲノムサイズは約520 Mbで，約22,000個のタンパク質をコードする遺伝子が存在する．このうちの1090個の遺伝子をほかの動物の相同遺伝子と比較解析した結果，新口動物群は棘皮動物（ウニやヒトデなど）と半索動物（ギボシムシやフサカツギ）からなるクレード〔水腔動物（Ambulacraria）〕と，脊索動物からなるクレードの2群からなっていた．また，脊索動物においては頭索類が最も早期に分岐し，尾索類と脊椎動物はその後に分岐し，**姉妹群**（sister group）となることが明らかになった（図7-2）．

さらに，頭索類と脊椎動物のゲノム間ではシンテニーが高度に保存されており，これらは17の**連鎖群**（linkage group）に分けられることが明らかになった（図7-3a）．これはある意味で脊索動物共通祖先の核型ともいえる．また，この17の連鎖群をヒト23対の染色体と比較すると，ナメクジウオの**シンテニーブロック**を4倍し，それぞれをヒトの染色体断片につなげることで最も良好な相関関係が得られた（図7-3b）．すなわち，脊椎動物の進化に伴って2回のゲノム重複（2R）が起こったと考えると，祖先的脊索動物染色体からヒト染色体への変遷を理解することができる．この事実は，これまでHoxクラスターなどで指摘されてきた2R仮説が実際にゲノムワイドに起こったことを証明するものである．

姉妹群
系統樹のなかで最も近い関係にあるグループ．姉妹群同士には最も新しい共通祖先が存在したと考えられる．

連鎖群
一連の遺伝子が同一染色体上にある状態を保ったまま連鎖する（次世代に引き継がれる）場合，これらの遺伝子セットを連鎖群と呼ぶ．ヒトには23の連鎖群が存在する．

シンテニーブロック
異なる二つの生物において，ゲノムDNA上の遺伝子の並びが複数個に渡って同一，または似ている領域で，共通祖先の遺伝子の並びが保存されている領域と解釈される．

7章 海洋生物のゲノム解読とその広がり

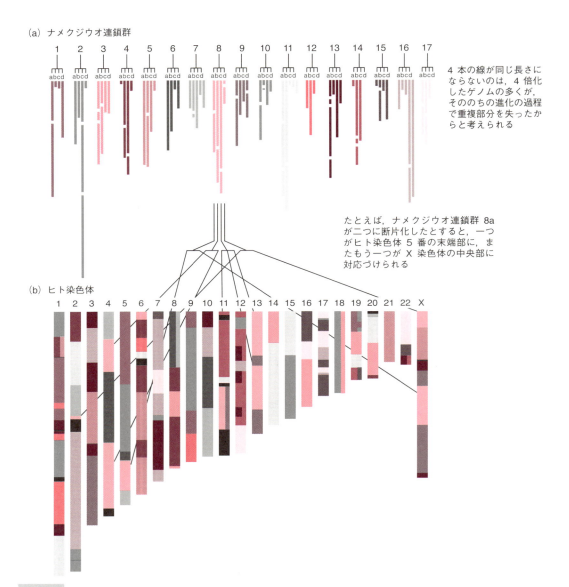

図 7-3 ナメクジウオのゲノム解析から得られた脊索動物の祖先的染色体再構成とヒトの染色体の進化
(a) ナメクジウオゲノムとヒトゲノムのあいだで保存されているシンテニー関係をゲノム全体に適用すると,脊索動物の祖先型としての17の連鎖群を得ることができる.(b) それに対応する23本に色分けをしたヒトの染色体を得ることができる.ナメクジウオゲノム内のブロックを四つにするとヒトゲノムと対応がつくということは,脊椎動物の進化にともなって,2回のゲノム重複(2R)が起こったためと考えられ,ヒトの染色体の多くの領域はナメクジウオに比べほぼ4倍になっていることがわかる.ヒトゲノムのユークロマチン領域の95%にあたる2.85 Gbが,2Rによる倍加の影響を受けたことが示唆された(文献6を改変).

これら脊索動物比較ゲノム解析から得られた結果を総合すると，脊索動物は自由生活性の祖先から脊索や背側神経管などの形質を発達させながら進化し，また，形態の類似性やゲノムシンテニーの保存などから，脊椎動物は頭索類様祖先から直接的に頭部や顎などを発達させながら進化してきたと考えられる[12]．さらに，その複雑な体制の進化にはゲノムの重複による遺伝子の量と質の増加が関与したと考えられる．一方，尾索類は濾過摂食者として独自の進化をとげたものと思われる[13]．

　新口動物でゲノムが解読されていないのは半索動物である．なかでも，自由生活を営むギボシムシ(腸鰓類)のゲノム解読は脊索動物の起源を探るうえでも重要である．現在，アメリカで直接発生種の *Saccoglossus kowalevskii*，日本で間接発生種のヒメギボシムシ(*Ptychodera flava*)のゲノム解読が進められている．すでに筆者らは，ギボシムシではHoxおよびParaHoxクラスター内での遺伝子の並びが保存されていることを明らかにしており[14, 15]，ギボシムシゲノムの解読によって，新口動物全体の共通祖先のゲノム構造が解明されるものと期待される．

7.3 環境ゲノム科学

7.3.1 海洋環境変動によるサンゴ礁の崩壊

　海洋生物を対象にしたゲノム科学の研究課題の一つは，時々刻々と変化する環境に彼らがどのように応答し，その多様な生命活動を維持しているのかを解明することであり，その重要性は今後さらに増していくものと思われる．

　サンゴ礁は熱帯雨林と並んで生物多様性の最も豊かな場所である．地球の海域面積のわずか1％に満たないサンゴ礁に全海洋生物種の25％が生息しているといわれている．このサンゴ礁をつくりだしているのはクラゲやイソギンチャクと同じ刺胞動物に属する造礁サンゴである．サンゴはその細胞内に光合成を行う褐虫藻 *Symbiodinium*(渦鞭毛藻の一グループ)を共生させており，栄養の一部を褐虫藻に依存して生きている．

　温暖化や海洋酸性化などの近年の地球規模での環境変動により，サンゴ礁は絶滅の危機に瀕している．夏の高海水温期のわずか1〜2℃の温

7章 海洋生物のゲノム解読とその広がり

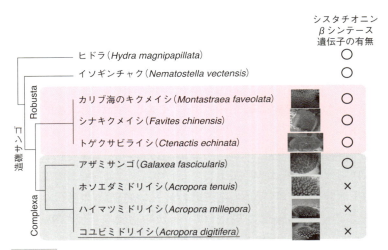

図 7-4 ミドリイシ類のゲノムにおけるシステイン合成酵素遺伝子の欠損
下線はゲノムを解読したサンゴを示す.

度上昇で,サンゴと褐虫藻の共生関係が崩壊,すなわち褐虫藻がサンゴから排出されてしまう"白化現象"が起こる.共生している(栄養の供給源である)褐虫藻を失うことでサンゴは栄養不足に陥り,最悪の場合は死に至る.一説では,世界の造礁サンゴ種の約3分の1が現在絶滅に瀕しているとされる[16].サンゴ礁の崩壊は,そこに生息する多種多様な生物の消滅も意味する.

サンゴの遺伝子レベルでの研究は,その重要性にもかかわらず今世紀に入ってもなおほとんど行われてこなかった.筆者らは,サンゴの分子生物学的研究の基盤整備のために,サンゴと共生褐虫藻の両ゲノム解読を目指した.

7.3.2 サンゴのゲノム解読

サンゴについては,沖縄の普通種であるコユビミドリイシ(*Acropora digitifera*)を選び,次世代シーケンサーのみによる初めての海洋動物の全ゲノム解読を行った[7].その結果,約 420 Mb のゲノムに約 23,700 個の遺伝子がコードされていることがわかった.ゲノム情報をさらに解析した結果,① サンゴの起源は化石記録から予想されたよりも遥かに古くカンブリア期にまで遡ること,② コユビミドリイシを含むミドリイ

シ属サンゴは白化に弱いとされているが，これらのサンゴは非必須アミノ酸であるシステインの生合成酵素遺伝子を欠いており（図7-4），システインを褐虫藻に依存している可能性があること（すなわち白化の影響を直接的に受ける），③ サンゴ自身がUV（紫外線）吸収物質を合成できること，④ サンゴ特有の石灰化遺伝子候補が多数あること，などが明らかになった．

コユビミドリイシのゲノム情報を基に，サンゴに関するさまざまな分子生物学的知見が蓄積しつつある．たとえば，サンゴゲノム内には数多くの自然免疫系の遺伝子がコードされており，かつこれらの遺伝子はサンゴ独自のドメイン構造をもつ複雑なタンパク質をつくりだす[17]．蛍光タンパク質をつくりだすことは刺胞動物の特徴の一つであるが，コユビミドリイシのゲノムには少なくとも10個の蛍光タンパク質をコードする遺伝子が存在し，そのうちの6個はゲノム上にタンデムに並ぶ[18]．

7.3.3 共生褐虫藻のゲノム解読

サンゴゲノムの解読後，筆者らは次に共生褐虫藻 *Symbiodinium* のゲノム解読に挑んだ[9]．*Symbiodinium* が属する渦鞭毛藻類は単細胞の真核生物で，マラリア原虫などのアピコンプレックス類，ゾウリムシなどの繊毛虫類ともにアルベオラータというグループを形成する．約2000種が知られており，その約半数が光合成を行う．海洋の一次生産者としては珪藻についで2番目に豊富な植物プランクトンでもある．渦鞭毛藻の仲間には，サンゴに共生する褐虫藻のほかにも，赤潮の原因となるもの，食中毒の原因となる毒素を生産するものなどがおり，海洋環境を考えるうえでもこのグループのゲノム研究は大切である．

渦鞭毛藻の染色体は特殊な構造をしており，その核は"渦鞭毛藻核"とも呼ばれている．染色体は常に凝縮した状態で存在し，コアヒストンを含むヌクレオソーム構造が観察されていない（図7-5）．このようなユニークな核をもつことから，渦鞭毛藻のゲノム塩基配列の解析は以前から部分的には行われていた．しかし，ゲノムサイズが1500〜245,000 Mbと非常に大きく，全ゲノムの解読はほかのアルベオラータや藻類に比べて遅れていた．

7章 海洋生物のゲノム解読とその広がり

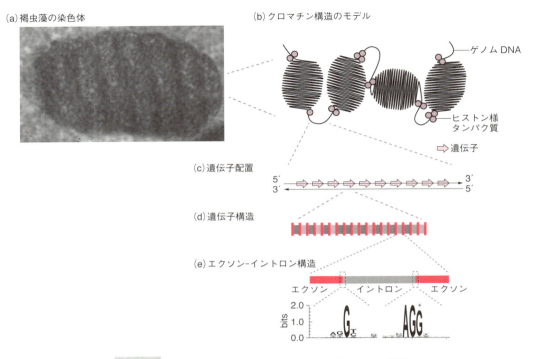

図7-5 褐虫藻 *Symbiodinium* の核の染色体とゲノム構造

(a)核の染色体にヌクレオソーム構造が見つからない．バクテリアとウイルスの核タンパク質に類似の核タンパク質が存在する(HlpとDVNP)．(b)DNAの塩基に，A, G, C, Tのほかにヒドロキシメチルウラシルとメチルシトシンが存在する．(c)隣り合う遺伝子が一方向に並んだ状態でDNAにコードされている．(d)非常に多くのイントロンが存在する(18.6イントロン/遺伝子)．(e)エクソンとイントロンの境界には三つの主要な塩基配列が存在する(GT-AG, GC-AG, GA-AG)．

筆者らは，サンゴに共生する何種類かの褐虫藻ゲノムの解読を視野に入れているが，まず最も小さなゲノムをもつ褐虫藻(*Symbiodinium minutum*)の核ゲノムの概要配列を決定した[9]．その結果，この種が驚くべきゲノム構造をもつことが明らかになった(図7-5)．①真正クロマチン領域の616 Mb上に約42,000のタンパク質をコードする遺伝子が存在し，ほかのアルベオラータに比べるとより多くの遺伝子ファミリーを含んでいる．また，染色体構造に関わる遺伝子ファミリーのなかには，真核生物と原核生物の両方のオーソログをもつものが含まれる．②隣り合う遺伝子の多くは同じDNA鎖上にコードされ，クラスターを形成している．同様の構造は，これまで，寄生性の原生生物トリパノソーマでし

か報告がない．③遺伝子は非常にイントロンリッチであり，多くの変わった**スプライスサイト**をもつ．これらの結果は，渦鞭毛藻が，染色体構造と遺伝子の水平伝播の関係，遺伝子の発現調節の特殊性，**スプライセオソーム型イントロン**に関する進化を研究するうえで非常に興味深い生物であることを示している．

また，渦鞭毛藻類は真核生物の核ゲノム構造の進化や多様性だけでなく，オルガネラゲノムの進化を考えるうえでも興味深い．渦鞭毛藻の葉緑体は二次共生により獲得されたと考えられているが，その葉緑体ゲノムは**ミニサークルDNA**という非常に特殊な構造をしていることが明らかになっている．しかし，渦鞭毛藻の核ゲノムとオルガネラゲノムの共進化に関してはその多くが謎のままである．

どのような海洋環境下で渦鞭毛藻の核ゲノムの巨大化や二次共生により獲得したオルガネラゲノムの進化が起こったのであろうか．*S. minutum* の遺伝子のおよそ半分は既知の遺伝子に対する配列類似性を示さない．ほかの渦鞭毛藻ゲノムの解読とその比較が，渦鞭毛藻の進化や多様性を考えるうえで重要である．

前述したように，サンゴとその共生褐虫藻の両方のゲノム情報を得ることによって，宿主（サンゴ）と共生体（褐虫藻）の遺伝子を明確に区別し，両者の遺伝子発現を同時に解析することが可能になりつつある[19]．筆者らは現在，コユビミドリイシ以外のサンゴおよび *S. minutum* 以外の共生褐虫藻のゲノム解読も進めている．これらのゲノム情報を駆使して，サンゴと褐虫藻の共生メカニズムの解明や，近未来に起こると予測される海水温上昇や海洋酸性化に対するサンゴの応答メカニズムの解明がなされることを期待したい．

スプライスサイト
イントロンが切り出され，エクソン同士が結合する部位．その共通配列の一つとして，イントロンの 5′ 側の GT と 3′ 側の AG が知られている．

スプライセオソーム型イントロン
遺伝子から mRNA として転写されるとき，取り除かれる DNA 配列をイントロンと呼ぶ．真核生物の核遺伝子を分断するのは，おもにこのスプライセオソーム型イントロンによる．

ミニサークル DNA
$2 \sim 4$ kb の環状の DNA．渦鞭毛藻の一つのミニサークル DNA には，$1 \sim 2$ 個の葉緑体関連遺伝子がコードされている．

7.4　機能ゲノム科学

7.4.1　海洋生物の機能ゲノム

多くの生物はその進化の過程で特殊な機能を獲得している．たとえば，アリやミツバチなどの社会性認知行動能力，クマムシの極限環境を耐え抜く能力，ネムリユスリカの高度な乾燥耐性能力，海水に含まれるバナ

ジウムを100万倍濃縮することのできるホヤ，微小かつ繊細な繊維をつくりだすカイメンなどがあげられる．これからの海洋ゲノム科学の研究課題の一つは，こうした生物の特殊機能がどのように獲得され発揮されているのかを解明し，それらの知識を新規の生物工学的イノベーションに繋げていくことであろう．筆者らの研究グループは，海洋生物の機能ゲノム科学として，ホヤのセルロース合成能力およびアコヤガイの真珠合成能力に注目しつつ研究を行っており，ここでは後者について述べる．

軟体動物は，カキ・アワビ・イカ・タコなど海産物として馴染み深いものが多い．10万以上の種が記載されおり，昆虫を含む節足動物についで種数の多い動物群である[20]．したがって，軟体動物は水産資源としてだけではなく海洋生物圏の主要な構成要素の一つとしても重要である．それにも関わらず，そのゲノム科学基盤は，公共データベース上でのゲノムおよびトランスクリプトーム情報も十分に蓄積されておらず，早急な基盤整備が望まれている．筆者らは，軟体動物における分子生物学研究のプラットフォームの確立を目指し，また真珠形成能力という特殊機能を考えつつ，アコヤガイ（*Pinctada fucata*）の全ゲノム解読を行った[8]．

7.4.2 アコヤガイのゲノム解読

アコヤガイは日本や東アジアなどで真珠生産を目的として養殖されている海産二枚貝で，産業としての真珠養殖の歴史は明治時代の御木本幸吉による養殖真珠の成功に遡る[21]．それ以来，真珠養殖業における重要性から，アコヤガイの採苗技術や真珠形成メカニズムの生理学的研究がさかんに行われてきた．とくに，1990年代以降の分子生物学技術の発展に伴い，貝殻や真珠の形成に関わるタンパク質および遺伝子の同定が数多く行われるようになったが，この分野での日本人研究者の貢献がきわめて高い[22,23]．

アコヤガイの全ゲノム解読の成果は2012年2月に公開されたが，これは軟体動物ゲノムとして世界で最初のものである[8]．全ゲノム配列，トランスクリプトーム配列，予測された遺伝子モデルなどの情報はデータベース化されインターネット上で公開されている[24,25]．アコヤガイのゲノムは約1150 Mbと比較的大きく，しかも塩基多型が多いために，

7.4 機能ゲノム科学

表7-2 アコヤガイゲノム中に存在する貝殻形成関連遺伝子とその数

遺伝子名	予測された遺伝子の数	遺伝子名	予測された遺伝子の数
ACCBP	1	chitin synthase	5
ACCBP-like	3	Pfu000096	1
aspein	1	pif177	1
CaLP-related	3	pif-like	3
ependymin-like	1	prisilkin-39	1
KRMPs	3	prismalin-14	2
MSI60	1	prismin	1
MSI60-related	1	SGMP1	1
N16, pearlin	4	shematrins	9
N19	10	SPARC	1
nacrein	2	tyrosinase	4
perlucin-like	2	tyrosinase-like	17
PFMGs	20		

その配列のアセンブルに工夫が必要であったが，そのゲノムには少なくとも23,000の遺伝子がコードされていることがわかった．

アコヤガイゲノム解読はゲノムプロジェクトとしては理想的なかたちで進んできた．すなわち，ゲノム塩基配列の決定と並行しつつ，アコヤガイゲノムジャンボリーと名づけた研究集会において，国内のさまざまな分野の軟体動物研究者によって遺伝子アノテーションが集中的に行われた[26]．その結果，たとえば貝殻・真珠形成関連遺伝子が従来知られていた遺伝子だけでなく，多様な遺伝子ファミリーにより構成されていることが明らかになった（表7-2）[27]．また，発生・分化などに関わる転写調節因子やシグナル伝達因子，さらには閉殻筋（貝柱）特有の運動に関わる遺伝子，生殖関連遺伝子などが網羅的に同定された[28]．

1990年代以降，赤潮の頻発や感染症による真珠母貝の大量斃死（へいし），さらには海外の真珠産業拡大にともない，国内のアコヤガイ真珠生産量は減少傾向にある．アコヤガイのゲノム情報を基盤として，環境変動や感染症への耐性強化，より高品質な真珠生産が可能な系統の育種などの研究開発への応用が期待されている．またこれらと関連して，最近になって，カキ[29]およびカサガイ[30]の軟体動物ゲノムが解読されている．

7.5 おわりに

次世代シーケンス技術の進展は日進月歩である．非モデル生物のゲノムのサイズをあまり気にすることなく，また以前よりはるかに低コストで解読することが可能になりつつある．われわれは現在，進化ゲノム科学と関連して，国内の多くの動物学者と共同で，できるだけ多くの動物門のゲノム解読を目指しており，近い将来に，腕足動物，箒虫動物，紐型動物，毛顎動物などのゲノムが解読されるものと思われる．また環境ゲノム科学として，現在シンカイヒバリガイのゲノム解読にも取り組んでおり，深海といった特殊環境への適応のメカニズムが解明される日も遠くないものと思われる．さらに，機能ゲノム科学では，真珠形成のメカニズムに限らず，海洋生物のさまざまな特殊機能の獲得機構をゲノム科学的に解明し，応用につなげることを目指している．このように，多様な海洋生物を対象にしたゲノム科学がこれからさらに発展し広がっていくことは容易に想像される．

◇文　献◇

1) W. Appeltans et al., *Curr. Biol.*, **22**, 2189 (2012).
2) 川島武士ら，科学，**78**, 1110 (2008).
3) P. Dehal et al., *Science*, **298**, 2157 (2002).
4) Y. Satou et al., *Genome Biol.*, **9**, R152 (2009).
5) N. Satoh, "Developmental Genomics of Ascidians," Blackwell (2014).
6) N. H. Putnam et al., *Nature*, **453**, 1064 (2008).
7) C. Shinzato et al., *Nature*, **476**, 320 (2011).
8) T. Takeuchi et al., *DNA Research*, **19**, 117 (2012).
9) E. Shoguchi et al., *Curr. Biol.*, **23**, 1399 (2013).
10) R. C. Brusca and G. J. Brusca, "Invertebrates, 2nd ed," Sinauer Associates, Inc. (2003).
11) C. Nielsen, "Animal Evolution. 3rd ed," Oxford University Press (2012).
12) N. Satoh, *Genesis*, **46**, 614 (2008).
13) N. Satoh, *Zool. Sci.*, **26**, 97 (2009).
14) R. Freeman et al., *Curr. Biol.*, **22**, 2053 (2012).
15) T. Ikuta et al., *BMC Evol. Biol.*, **13**, 129 (2013).
16) K. E. Carpenter et al., *Science*, **321**, 560 (2008).
17) M. Hamada et al., *Mol. Biol. Evol.*, **30**, 167 (2013).
18) C. Shinzato et al., *Zool. Sci.*, **29**, 260 (2012).
19) C. Shinzato et al., *PLoS ONE*, in press (2014).
20) G. Haszprunar et al., "Phylogeny

and Evolution of the Mollusca," W. Ponder, D. R. Lindberg eds, Univ. of California Press（2008），p. 19.
21) K. Nagai, *Zool. Sci.*, **30**, 783（2013）.
22) H. Miyamoto et al., *Proc. Natl. Acad. Sci. USA*, **93**, 9657（1996）.
23) M. Suzuki et al., *Science*, **325**, 1388（2009）.
24) R. Koyanagi et al., *Zool. Sci.*, **30**, 797（2013）.
25) http://marinegenomics.oist.jp/genomes/gallery
26) T. Kawashima et al., *Zool. Sci.*, **30**, 794（2013）.
27) H. Miyamoto et al., *Zool. Sci.*, **30**, 801（2013）.
28) K. Endo and T. Takeuchi, *Zool. Sci.*, **30**, 779（2013）.
29) G. Zhang et al., *Nature*, **490**, 49（2012）.
30) O. Simakov et al., *Nature*, **493**, 526（2013）.

佐藤　矩行（さとう　のりゆき）
1945年新潟県生まれ．1973年東京大学大学院理学研究科博士課程中退．理学博士．現在，沖縄科学技術大学院大学教授．おもな研究テーマは「脊索動物の起源と進化の発生ゲノム科学的研究」．

竹内　猛（たけうち　たけし）
1980年東京都生まれ．2008年筑波大学大学院生命環境科学研究科博士課程修了．博士（理学）．現在，沖縄科学技術大学院大学研究員．おもな研究テーマは「軟体動物の進化，貝殻形成メカニズム」．

將口　栄一（しょうぐち　えいいち）
1972年福岡県生まれ．2000年京都大学大学院理学研究科博士課程修了．博士（理学）．現在，沖縄科学技術大学院大学研究員．おもな研究テーマは「無脊椎動物と藻類の共生のゲノム科学的研究」．

川島　武士（かわしま　たけし）
1973年大阪府生まれ．2001年京都大学大学院理学研究科博士課程修了．博士（理学）．現在，沖縄科学技術大学院大学研究員．おもな研究テーマは「動物多様性の進化」．

新里　宙也（しんざと　ちゅうや）
1978年沖縄県生まれ．James Cook大学卒業．Ph. D（Biochemistry）．現在，沖縄科学技術大学院大学研究員．おもな研究テーマは「サンゴ礁ゲノム科学」．

PART 2 次世代シーケンサーの利用例

8章 1分子シーケンサーを用いた非モデル生物のde novoゲノム解読

柴田　朋子・笠原　雅弘・重信　秀治
西山　智明・長谷部　光泰

次世代シーケンサーNGSで何が変わった？

導入前 before

- 第2世代シーケンサーは高いスループット（処理能力）をもつが，比較的短い配列しか出力されない
- リファレンスゲノムがない場合，短い配列に含まれる情報は少ないので，アセンブル（配列をつなぎあわせる）が困難である

導入後 after

- 1分子シーケンサーでは，**DNAの増幅がない**ためシーケンスバイアス（配列に依存する増幅のしやすさ）が少ない．
- **複雑な長鎖ライブラリーの作成**をする必要がないため，実験操作が容易になる
- 一回で数千塩基程度の長さを読むことができるので，長いコンティグ（出力された配列をつなぎあわせたもの）が作成しやすい

8章　1分子シーケンサーを用いた非モデル生物の de novo ゲノム解読

8.1 非モデル生物のゲノム解読

　生物学の面白さは共通性と多様性の両方にある．20世紀後半の分子生物学の進展に伴って，モデル生物のゲノムが解読され，遺伝子機能解析から生物に共通の分子機構の多くが明らかになってきた．しかし，多様性については，解析の困難さから多くの点が謎である．食虫植物やカメのような特異な形態をもつ生物はどうやって祖先から進化したのか，昆虫の擬態はどんな仕組みで引き起こされているのかなど，多くの人が思わず引き込まれ，答えを知りたくなるような生物学の面白い問題点はたくさん残されている．

　現代生物学の手法を用いて研究するには，対象となる生物がどんな遺伝子をもっているかを知ることが有用である．かつて，ゲノム解読には莫大な費用と労力が必要であり，ゲノム解読の対象となるのは厳選されたモデル生物だけであった．しかし，次世代シーケンサーによってパンダゲノムが解読されたという報告[1]は多くの非モデル生物を扱う研究者に福音として響き，実際にいくつかの非モデル生物ゲノムの解読結果が次つぎに発表された．だが，次世代シーケンサーから得られる 100 bp 程度の長さの配列を用いてアセンブルする（得られた配列からもとのゲノム配列を推定復元する）には，20 kb 以上もの長いインサート長のライブラリーが必要で，そのためには高度な実験技術が必要なことがわかってきた．また，数百 Mb 〜数 Gb の非モデル生物ゲノムを解読する費用と労力を 1 研究室でまかなうことは困難だった．

　筆者らは長い配列解読能をもち，実験操作が簡便な 1 分子シーケンサー「PacBio RS」または「Pac Bio RS II」（Pacific Biosciences 社）を用いれば，この問題を解決できるのではないかと考えた．「PacBio RS」と「PacBio RS II」は，生物から抽出した DNA を増幅せずに塩基配列を決定する点で Roche 社「GS-FLX」や Illumina 社「HiSeq」や「MiSeq」などの次世代シーケンサーとは原理が大きく異なる．DNA の増幅を必要としないので，**シーケンスバイアス**が少ないことが知られている[2,3]．また，複雑な長鎖ライブラリー作製が必要ないので実験が容易になる．さらに，平均で 7 〜 8 kb，最長で約 30 kb（2014 年 10 月現在）と解読鎖

シーケンスバイアス
すべての配列が均等に読まれず，生じる偏りをシーケンスバイアスと呼ぶ．たとえば，PCR などによる増幅効率の偏りが，これを引き起こす．

長が長いことから，Illumina社の「HiSeq」などで得られた短い配列データでは困難だった長い繰り返し配列のアセンブルが可能である．

「PacBio RS」または「PacBio RSⅡ」によるシーケンシングコストは，「HiSeq」に比べると約10倍であり，現在のところ，1 Gbの配列決定に要するコストは約10万円である．ただし，このコストはバージョンアップに伴って下がっている．また，より長いリードが得られるようになれば，これまでより少ないデータ量でも十分にアセンブルできると考えられ，ゲノム解読全体として必要なコストは今後も下がり続けると期待している．

一方，「PacBio RS」と「PacBio RSⅡ」はともに約15％の読みとりエラーがあることが大きな問題であった．しかし，読みとりエラーには配列特異性はなく，ランダムに入るため[4]，同一領域を多数回読むことができれば，多数決によって正しい配列を決めることができる．筆者らは「PacBio RS」または「PacBio RSⅡ」に適したライブラリー構築法の改良およびアセンブルソフトウェアの開発を行ってきた．「HiSeq」と「PacBio RS」の組合せによって，ゲノムサイズが6.9 Mbのカメムシの共生細菌 *Burkholderia* sp. strain RPE64のゲノム解読に成功した．さらに，実験技術と解析方法の改善によって約2 Gbのゲノムサイズをもつ食虫植物のフクロユキノシタのゲノム解読にほぼ成功したので，ともに本章で紹介する．また筆者らは，「PacBio RS」または「PacBio RSⅡ」単独でより簡便かつ安価にゲノム解読する方法にも挑戦しており，ゲノムサイズが約350 Mbの食虫植物コモウセンゴケで予備的なデータを得たので，その現状を紹介する．

8.2　ライブラリー構築法の改良

抽出したDNAをそのまま読む1分子シーケンシングでは，増幅を伴う場合に比べて，より多くの，より品質の高いDNAが必要となる．とくに，十分に長い配列データを得るためには，長い挿入断片をもつライブラリーを作製する必要がある．

短い断片を除去するために，筆者らはパルスフィールド電気泳動・分

画装置であるBluePippin（Sage Science社）を用いている．この装置を用いると，ライブラリーを電気泳動したあと，特定の長さよりも長い分子を自動的に回収することができる．ただし，電気泳動と精製によるサンプルのロスが大きく，1 Gbの配列情報を得るためには約10 μgのDNAが必要となる．また，品質については，260 nmと280 nm，260 nmと230 nmの吸光度の比が，それぞれ概ね1.8と2.0であることを目安としている．

8.3 アセンブル法の開発

　断片として得られた配列からもとのゲノム配列を推定復元することをアセンブルと呼び，とくに異なる原理をもつ複数のシーケンサーから生成されたデータを合わせてアセンブルすることをハイブリッドアセンブルと呼ぶ．また，多数の断片配列について重なり合う部分を探し，つなぎ合わせたものをコンティグと呼ぶ．さらに，長いDNA断片の両端配列を読むことにより，コンティグ同士の距離を推定し，コンティグ間の不明配列をギャップとして残したままつなぎ合わせたものがスキャフォールドである．正解配列がわからない de novo ゲノム解読の場合，アセンブル結果を評価するためによく使われるのは，**コンティグN50**およびスキャフォールドN50の長さである．これらのコンティグの長さが長いほど，アセンブルによるゲノムの復元度が高いと判断する．

　「PacBio RS」または「PacBio RSⅡ」から得られる塩基配列データは平均数kbと長いため，Illumina社のような数十〜数百bpの短い配列データに最適化されたアセンブラーは，そのままでは使えない．また，配列データに含まれる約15％のエラーを補正する必要がある．ここでは筆者らがこれまでに行なった実際の例をまじえて，アセンブルの方法をいくつか紹介する．

8.3.1　二種類の次世代シーケンスデータを用いたハイブリッドアセンブル

　ホソヘリカメムシの腸内共生細菌である *Burkholderia* sp. は，成長の

コンティグN50
生成されたコンティグの長さを長い方から順番に足し合わせていき，合計が総コンティグ長の半分に達する時のコンティグである．

促進，体サイズの増大，産卵数の増加といった有益な影響を宿主にもたらすことが知られている[5,6]．筆者らは，ゲノムサイズ 6.9 Mb の *Burkholderia* sp. strain RPE64 について，「PacBio RS」により平均長 2.4 kb, 合計 450 Mb（ゲノムの 65 倍）の配列データを得た．また，180 bp, 300 bp, 500 bp および 800 bp に断片化したゲノム DNA をそれぞれライブラリーとし，「HiSeq 2000」で両側 100 bp ずつ読み，合計 32.6 Gb（ゲノムの 4600 倍）の配列データを得た．

「PacBio RS」によるデータと「HiSeq」によるデータとを，細菌ゲノムのハイブリッドアセンブルに対応したアセンブラーである Allpaths-LG[7] を用いて，アセンブルを行った．その結果，コンティグ数は 24, N50 コンティグ長は 730 kb という結果が得られた．その後 PCR 法を用いて，コンティグ間のギャップを埋めることによりアセンブルを完成させ，最終的に 3 本の環状染色体と 6 本のプラスミドの完全な配列を得ることができた[8]．

細菌ゲノムについては良好な結果が得られたが，残念ながら Allpaths-LG によるハイブリッドアセンブルは，真核生物のゲノムを現実的な時間で計算できるように設計されていない．真核生物についてはほかの手法を検討する必要がある．

8.3.2　HiSeq データによる PacBio データのエラー補正

次に検討したのは，短いが正確性の高い HiSeq データを用いて PacBio データのエラーを補正し，補正後の PacBio データを用いてアセンブルを行う方法である（図 8-1）．2012 年にこの原理を実装した，PacBioToCA[9]，LSC[10] という PacBio データのエラー補正プログラムが発表された．PacBioToCA は 1.2 Gb のオウムゲノムのアセンブルに使われており，真核生物に対応している．しかし，筆者らがいくつかの真核生物についてこの手法を試した場合，エラー補正に非常に長い処理時間と多大なメモリを必要とした．パラメータ設定やデータ量の調整によってより効率的な処理が可能になると考えられるが，「HiSeq」で読めない領域のデータは補正できず，PacBio の長い配列データを活かしきれない可能性もあり，さらに別の方法を検討した．

8章 1分子シーケンサーを用いた非モデル生物の *de novo* ゲノム解読

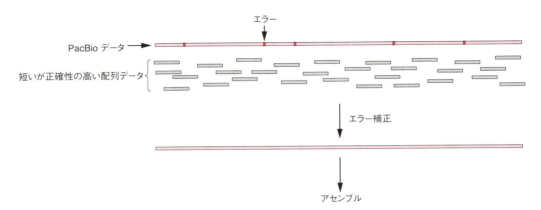

図 8-1 PacBioToCA によるエラー補正

正確な短い配列を用いて「PacBio RS」および「PacBio RS II」によるデータを補正し，補正済みのデータでアセンブルを行う．

8.3.3 HiSeq コンティグ間のギャップを PacBio データで補完

筆者らはこの手法を，フクロユキノシタゲノムの解読に用いた．フクロユキノシタは，オーストラリア原産の食虫植物であり（図 8-2），袋状の葉のなかで消化酵素を分泌し，捕えた小動物を消化して栄養とする．ゲノムサイズは 2 Gb と，これまでに解読されている真核生物のなかでは大きいほうである．筆者らは，「PacBio RS」と「HiSeq 2000」の両機で得た配列データを合わせて解析する戦略をとった．

HiSeq 用に 170 〜 800 bp の DNA 断片をサイズごとにペアドエンドライブラリーにしたものと，2 〜 20 kb のメイトペアライブラリーを作成し，両端を 90 〜 140 bp ずつ読んだ．得られた合計 300 Gb（ゲノムの 150 倍）の配列データをアセンブルした結果，49,152 本のコンティグ，16,307 本のスキャフォールドを得た．また，「PacBio RS」によって平均 2.1 kb，合計 17 Gb（ゲノムの 8.5 倍）の配列データを得て，データに含まれるエラーを筆者らが開発した sprai[11] を用いて補正した（詳細は後述）．次いで，PBJelly[12] というプログラムを用いて，補正された「PacBio RS」による配列データでスキャフォールド中のギャップを埋めた（図 8-3）．その結果，PacBio データにより，32,818 か所あったスキャフォールド中のギャップのうち 6549 か所を埋め，コンティグ N50 長を 81 kb から 99 kb へと伸ばすことができた（図 8-2）．

8.3 アセンブル法の開発

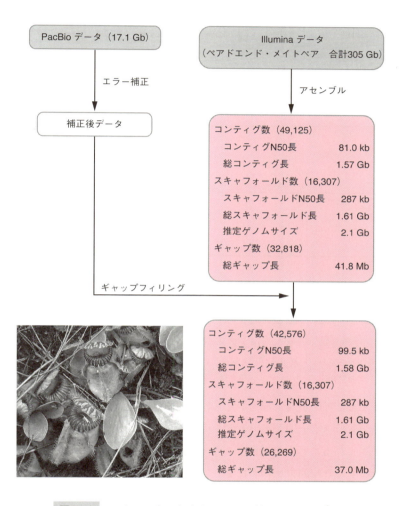

図8-2 フクロユキノシタの *de novo* ゲノムアセンブル

（左下）フクロユキノシタ．袋状の葉の中で消化液を分泌し，袋内に入った昆虫などの小動物を消化して栄養とする（写真：福島健児氏提供）．（右下）フクロユキノシタゲノムアセンブル手順と結果．Illumina データのアセンブル後，PacBio データを用いてギャップを埋めることでコンティグ N50 長が増加したことがわかる．

8.3.4 PacBio データのみでのエラー補正とアセンブル

　化学反応や検出系の関係でシーケンサーがある特定の配列を必ず誤読する場合には，読みとりエラーを排除することは困難である．「Illumina HiSeq」などのシーケンサーでは，特定の配列中に含まれる特定の塩基

8章 1分子シーケンサーを用いた非モデル生物の de novo ゲノム解読

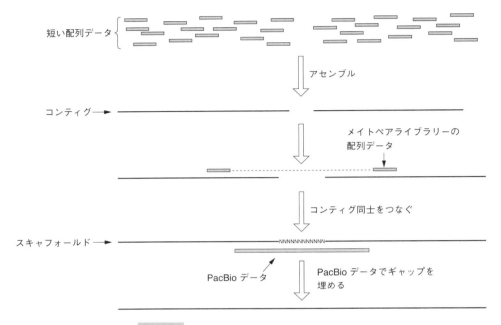

図 8-3 PBJelly によるギャップフィリング

短い配列のみを使ってアセンブルを行い，生成されたスキャフォールドに含まれるギャップを PacBio データで埋める．なお，最新バージョンの PBJelly はコンティグ間をまたぐスキャフォールド生成にも対応している．

をほとんど毎回誤読する例が知られている．一方，「PacBio」シーケンサーは平均的にエラー率が高いものの，正しい塩基より高い確率で誤った塩基が読まれるような塩基配列パターンは見つかっていない．このため，十分に多くの配列を比較すれば，エラーを補正することができる．

エラー補正のためのプログラムとしては，Pacific Biosciences 社がリリースした HGAP[13] と，筆者らが開発した sprai[11] の二つがあげられるが，大まかな流れは両者ともよく似ている．まず，PacBio データからある一定以上の長さをもつ配列を取り出してシード（seed）とし，シードにそれ自身以外の配列をマッピングする．つぎに，シードとシードにマッピングされた配列から多数決のような考え方でエラーを除き，補正配列を出力する（図 8-4）．マッピングされる配列数が閾値より少ないシード上の領域は，除去しきれなかったアダプター配列などを多く含むため除去される．HGAP よりも sprai の方がマッピングや多数決塩基の決定に高精度な手法を用いており，より多くのエラーが補正できること，および

8.3 アセンブル法の開発

spraiはキメラ配列の同定を行っていることがおもな違いである（図8-5）．これまでのテストにより，spraiのほうがHGAPよりも少ないデータ量で連続性の高いアセンブルが得られる補正を行うことができるので，筆者らはspraiを使用して複数の細菌ゲノムの解読を行った．

ゲノムサイズ9 Mbのある細菌 *Burkholderia* sp. strain RPE67 の場合で

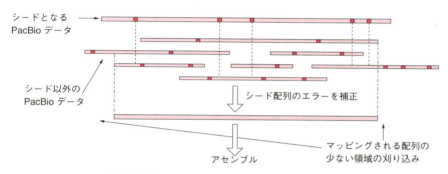

図8-4　HGAPやspraiによるエラー補正

PacBioデータのうち，長い配列をシードとして取りだし，それ以外の配列を使ってシード配列のエラーを補正する．

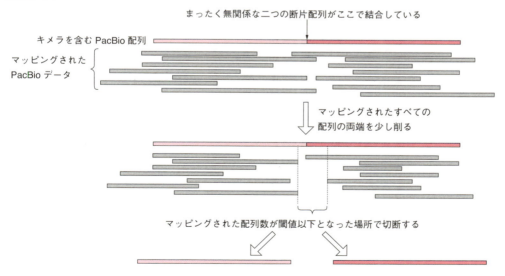

図8-5　spraiによるキメラ配列の同定

まったく無関係な二つのゲノム断片が結合して読まれている配列をキメラ配列と呼ぶ．spraiはこのキメラ配列を同定し，アセンブルの誤りを減らす．

123

は,「PacBio RSⅡ」で平均長4.2 kb, 合計1.8 Gb（ゲノムの200倍）の配列データを得たあと, sprai によるエラー補正を行い, Celera Assembler[14] を用いてアセンブルを行った. その結果, コンティグ数は6本となり, そのうち5本は両端の配列がほぼ一致し, 環状になると考えられた. すなわち, PacBio データだけで, ギャップを含まないゲノム配列を得られることがわかった.

8.4 今後の展望と課題：1分子シーケンサーのみを使ったde novo ゲノム解読

筆者らは現在, サイズが小さい細菌ゲノムのde novo 解読については,「PacBio RSⅡ」によるデータのみを使ってアセンブルを行うのが, 配列の連続性や正確性, アセンブルまで含めたコスト・時間の面でもっとも良い結果を得られる手法と考えている.

真核生物のde novo ゲノム解読についても, コストが下がってきた現在では,「PacBio RS」または「PacBio RSⅡ」のみで行うことが可能になると考えている. ヒトのゲノム情報から PacBio データを模して生成したシミュレーションデータを用いてテストしたところ, ゲノムサイズの20倍の PacBio データを用いてアセンブルした場合には, 2.7 Mbを超える N50 コンティグ長が得られた. このシミュレーション結果に基づき, 実際の真核生物についても PacBio シーケンサーのみを使って, 推定ゲノムサイズ 350 Mb の食虫植物コモウセンゴケのde novo ゲノム解析を進めている. 7.8 Gb（ゲノムの22倍）のデータを得た時点で行ったアセンブルの結果を図8-6に示す. このデータを得るためのシーケンシングコストは, 100万円以下であった.

前述のように, PacBio シーケンサーを用いたゲノム解読における問題の一つは, 必要な DNA 量が数 µg ～数百 µg と多く, 生物によっては同じ配列をもつゲノム DNA を必要量確保することが難しいことである. 培養可能な細菌や, 繁殖が容易で近交系の確立している真核生物の場合は, サンプル数を増やすことで解決するが, 非モデル生物ではそれができないことが多い. なぜなら複数個体から抽出した DNA を合わせて用

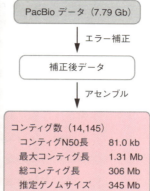

図8-6　コモウセンゴケのゲノムアセンブル

（左）コモウセンゴケ．葉表面の触毛から消化酵素を含む粘液を分泌し，小動物が触れると葉全体で巻き込み，消化し，吸収する（写真：上田千晴氏提供）．（右）PacBioデータのみを用いたアセンブル結果．

いることは望ましくないからである．同一種であっても，別個体由来の多型を含むデータを合わせた場合，その後のアセンブルが著しく困難になることが経験的に知られている．筆者らは現在，より少量のゲノムDNAから必要十分量の配列データを得るための方法開発に取り組んでいる．将来的には，体の小さな生物1個体のみから抽出したゲノムDNAを用いて，PacBioシーケンサーによるゲノム解読を可能にすることを目指している．

8.5　おわりに

　本章で概観したように，非モデル生物のゲノム解読においてPacBio 1分子シーケンサーは非常に有用なツールである．興味深い生物学的現象はモデル生物では解析できないものも多い．今後，非モデル生物の研究においても，まずゲノムを解読し，研究を開始するという実験スタイルが定着していくのは確実であろう．

　本章ではゲノムアセンブルについて詳述したが，ゲノム解読には，ゲノムサイズの推定，RNA-seq解析によるトランスクリプトームデータと近縁ゲノムとの比較によるタンパク質コード遺伝子推定とエクソン・イ

ントロン位置の同定，microRNA-seq 解析による microRNA 遺伝子座の同定，トランスポゾンの解析，反復配列やテロメアの解析，過去に起こったゲノム倍化の推定，オルガネラゲノムの解析，近縁種との比較ゲノム解析などがゲノム基礎情報として必要となる．

　これらの基本的解析は情報生物学の進展により，ルーチン化が進行しており，今後さらに効率的に研究が進むことが期待できる．しかし，現在，もっとも問題となっているのは，得られたゲノムデータからどのように生物学的に意味のある情報を抽出するかである．ゲノム情報は莫大であり，何らかの方針をもって望まないと生物学的に意味のある情報を抽出することは困難である．ただ，この問題は，ゲノム特有の問題ではない．フィールド調査で新しい種や現象を見つける，個体の生育を観察して新しい生理現象を見つける，顕微鏡下の細胞を見て新しい細胞内小器官を見つけるなど，従来の生物学が行ってきた研究スタイルにほかならない．今後，ゲノム解読技術はさらに進展すると考えられ，その情報処理技術も格段の進歩が期待できる．ゲノム解読という記載研究に埋没せず，たくさんの個別的事象を抽象化し，一般性のある原理を発見していくためには，ゲノム生物学と古典的かつ基本的な生物学の両方を使いこなすことが必要とされるように思われる．

◇文　献◇

1) R. Li et al., *Nature*, **463**, 311 (2010).
2) M. O. Carneiro et al., *BMC genomics*, **13**, 375 (2012).
3) M. G. Ross et al., *Genome biology*, **14**, R51 (2013).
4) J. Eid et al., *Science*, **323**, 133 (2009).
5) Y. Kikuchi et al., *Proc. Natl. Acad. Sci. USA*, **109**, 8618 (2012).
6) Y. Kikuchi et al., *Appl. Environ. Microb.*, **73**, 4308 (2007).
7) F. Ribeiro et al., *Genome research*, **22**, 2270 (2012).
8) T. F. Shibata et al., *Genome announcements*, **1**, e00441-13 (2013).
9) S. Koren et al., *Nature biotechnology*, **30**, 693 (2012).
10) K. F. Au et al., *PLoS ONE*, **7**, e46679 (2012).
11) T. Imai and M. Kasahara (2013), http://zombie.cb.k.u-tokyo.ac.jp/sprai/
12) A. C. English et al., *PLoS ONE*, **7**, e47768 (2012).
13) C. S. Chin et al., *Nature methods*, **10**, 563 (2013).
14) D. H. Huson et al., *Bioinformatics*, **17 Suppl 1**, S132 (2001).

8.5 おわりに

柴田　朋子（しばた　ともこ）
1976年東京都生まれ．2008年東京大学大学院理学系研究科博士課程単位取得退学．博士（理学）．現在，基礎生物学研究所研究員．おもな研究テーマは「無脊椎動物の進化」．

笠原　雅弘（かさはら　まさひろ）
1979年茨城県生まれ．2004年東京大学大学院情報理工学系研究科コンピューター科学専攻修士課程修了．博士（科学）．現在，東京大学大学院新領域創成科学研究科情報生命科学専攻講師．おもな研究テーマは「ゲノム情報解析アルゴリズム」．

重信　秀治（しげのぶ　しゅうじ）
1973年宮崎県生まれ．2001年東京大学理学系研究科博士課程修了．博士（理学）．現在，基礎生物学研究所生物機能解析センター特任准教授　おもな研究テーマは「共生とゲノム進化」．

西山　智明（にしやま　ともあき）
1973年生まれ．2000年東京大学大学院理学系研究科博士課程修了．博士（理学）．現在，金沢大学学際科学実験センター助教．おもな研究テーマは「植物の陸上進出」．

長谷部　光泰（はせべ　みつやす）
1963年生まれ．1991年東京大学大学院理学系研究科博士課程中退．博士（理学）．現在，基礎生物学研究所教授．おもな研究テーマは「複合適応形質の進化機構」．

PART 2 次世代シーケンサーの利用例

9章 微生物ゲノム

森 浩禎

NGSで何が変わった？
_{次世代シーケンサー}

導入前 before
- ゲノムプロジェクトには多くの時間とコストを要する
- リード長（一回で読める塩基配列長）が短い場合，リピート配列を決定するのには工夫が必要

導入後 after
- **大腸菌のゲノム**程度であれば，データの取得は**一晩**で終えることができる
- **SNP**（一塩基置換）や**短い挿入・欠失**の同定を迅速に行える．**既知ゲノムの正確性**を検証できる

9章　微生物ゲノム

9.1　シーケンス技術の進歩

　筆者らのグループは，まだ初期の自動シーケンサーが普及する以前の1989年に始まった大腸菌ゲノムプロジェクトに関与し，その後1997年にゲノム配列を完成させた．新型シーケンサーの開発が始まる5年以上前の時代である．プロジェクト開始当初は，ラジオアイソトープ（RI）を利用したサンガー法で配列決定を行い，その後，蛍光色素を利用した自動シーケンサーに移行した．1990年代はゲノム解析を発端とした生物学における激動の時代の始まりの頃である．ゲノム解読完成後には，ポストゲノム研究に移行し，さらにomics（オミックス）研究へと進展している．21世紀に入ると新型シーケンサーが開発され，シーケンス技術は生物学をさらに大きく変えてきている．微生物研究における新型シーケンサーの活用事例を紹介しながら，今後の可能性を考えたい．

　1986年，R. Dulbeccoによるヒトゲノム計画の重要性が論じられ[1]，ゲノム解析研究の幕が開けた．当時は配列決定技術も未熟で，ヒトゲノムの完成は途方もなく遠い時代であった．そのような時代に，日本の大腸菌ゲノムプロジェクトが発足した[2]．プロジェクト開始後，早い時期に自動シーケンサーを導入したが，当時のスループットは人が行うものと大差無かった（表9-1）．以降，毎年のように技術改良が加えられ，プロジェクトの最後には，日本の技術によるキャピラリーシーケンサーを

表9-1　シーケンス技術の進歩

年	シーケンサーの種類	bp/run（相対比）
〜1990	ラジオアイソトープ利用の配列決定	2,000（1）
1991	「ABI 370 sequencer」：初期の自動シーケンサー	2,500（1.3）
1992	「ABI 373 sequencer」：改良型	45,000（22.5）
1994	「ABI3700」：キャピラリーシーケンサー	500,000（250）
1995	「ABI3730」：改良キャピラリーシーケンサー	1,000,000（5×10^2）
2005	「454 GS20」：エマルジョンPCRとPyrosequence法	20,000,000（1×10^4）
2006	「Genome Analyzer」：Illumina（Solexa）社　超並列DNA合成と検出	1,000,000,000（5×10^5）
2011	「HighSeq2000」：改良型	600,000,000,000（3×10^8）

bp/run：1回の解析で読み取ることのできる塩基長

9.1 シーケンス技術の進歩

導入し，飛躍的に高速化した．1 Mb の配列を一晩で出力し，開発初期のシーケンサーと比較すると，その効率は 500 倍を超える．1995 年からの最後のプロジェクトグループでは，96 本キャピラリーの自動シーケンサーを活用したが，それでも開始より 8 年後の 1997 年 1 月のプロジェクトの完了には，のべ八つの研究グループ，50 名ほどのチームが必要であった[3,4]．

それから 10 年を経ず，2005 年に 454 Life Science 社より「454 GS20 シーケンサー」，Illumina 社の「Genome Analyzer」，Applied Biosystems 社（現 Life Technologies 社）の「SOLiD」など立て続けにまったく新しい原理による新型（次世代）のシーケンサーが発表され，それまでとは違う新たなシーケンス時代に突入した．大腸菌ゲノム程度であれば，データ取得自体は一晩で終わる．デンマークのゲノム研究所の友人の話であるが，夏休みの学生実習として 2 種類の微生物ゲノムの決定・解析を行うという時代である．

シーケンサーの開発は，比較的長い配列を読むものと，短い配列を非常に高速かつ大量に読むものの二つの方向で進められてきた．Pyrosequencing（パイロシーケンス）と emulsion PCR（エマルジョン PCR）の技術を用いた方法による比較的長い配列を読むシーケンサーが 2005 年に最初に登場したが，それでもはじめは 100 bp 程度であった．一方，25 bp や 35 bp という非常に短い配列を非常に大量に読むシーケンサーも開発された．さらに，1 分子解析と長鎖解析を可能にする新たなシーケンサーも市場に公開された．Pacific Bioscience 社の「PacBio シーケンサー」では，配列可読長が数 kb に達するため，バクテリアゲノムの *de novo* シーケンスを加速している．DNA 修飾も同定可能であり，バクテリアでもエピジェノム解析は加速するであろう．現在ではナノポアといわれる技術を利用した次世代シーケンサーの開発が進んでおり，これまでとは違うさらに大きな革新が期待されている．

9章 微生物ゲノム

9.2 ケーススタディー

9.2.1 比較解析

多くの類似の遺伝子配列が明らかになることで，比較解析が可能となり，**遺伝子ファミリー**という概念が提唱された[5,6]．遺伝子進化の定量的解析が可能になり，機能予測も大きく進展した．1990年代にはScience誌が「Genome Issue」という特集号を毎年だし，1997年の特集号で取りあげられたテーマである．これは配列情報の蓄積が急速に加速し，コンピューター解析が進んだ結果である．同年，大腸菌のゲノムが決定され，次いで病原性大腸菌であるO157のゲノムが[7,8]，さらに尿路感性大腸菌のゲノムが決定された．これにより，2種の病原性大腸菌と非病原性のモデル大腸菌との比較解析が可能になった[9]．

驚くべきことにこれら3種に共通する遺伝子群は約3000個で，3種全体にコードされている遺伝子のわずか40%であった（図9-1）．その後さらに非病原性で共生性の大腸菌および病原性の大腸菌が決定され，2008年には全体で17種[10]，2010年には61種のゲノム比較がなされ[11]，**パンゲノム**と**コアゲノム**の概念が提唱された（図9-2）．その解

> **遺伝子ファミリー**
> 類似の配列をもち，共通祖先から派生してきたと考えられる遺伝子群．

> **パンゲノム・コアゲノム**
> 種間比較において，コアゲノムは共通の遺伝子ファミリーに属する遺伝子群をコードする領域，パンゲノムは共通ではない遺伝子群全体のコード領域のこと．すなわち個々の種が保持する遺伝子群の積集合がコアゲノムであり，和集合がパンゲノムである．

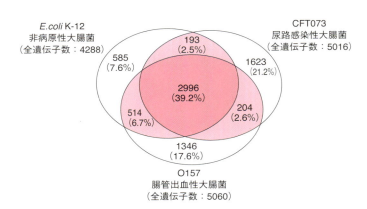

図9-1　大腸菌3種間の比較

非病原性大腸菌 K-12，腸管出血性大腸菌 O157 および尿路感染性大腸菌 CFT073 の3種の比較．合計7938の遺伝子のうち，3種すべてに保存される遺伝子は2996（39.2%），2種で保存されている遺伝子は911（11.9%），1種のみもつ遺伝子は3554（46.5%）である（文献9を改変）．

9.2 ケーススタディー

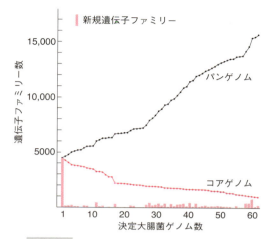

図9-2 大腸菌のコアゲノムとパンゲノム

61種類の大腸菌株が決められた段階での，コアゲノムとパンゲノムの数．多くのゲノムが決まるほど，全遺伝子ファミリー（パンゲノム）の数は増え，すべてに共通する遺伝子ファミリー（コアゲノム）の数は減っていく．

析により，パンゲノムは15,741の遺伝子ファミリーから構成され，すべての大腸菌に保存されるコアゲノムはわずか993ファミリーから構成されており，予想以上に遺伝子群が出入りしていると考えられる．2013年6月の段階では，大腸菌とその近縁種において，2000株を超えるゲノムが決定されている[12]．

9.2.2 水平移動

図9-3にモデル大腸菌の遺伝子が，どれほどほかの大腸菌に保存されているかを示す．X軸に全ゲノムが決定された大腸菌株，Y軸にモデル大腸菌のもつ約4000個のタンパク質をコードする遺伝子を並べ，保存されている場合は赤，保存されていない場合は黒で分類した．これにより大腸菌集団において保存性が明瞭になる．

筆者らは一遺伝子欠失株作製の過程で，必須遺伝子の同定を行ったが，ファージなど外来性の遺伝子とともにそれらの保存性の比較も行った（図9-4）．灰色で示したバーが必須遺伝子で，多くの必須遺伝子は大腸菌全体において，非常によく保存されている遺伝子群であることがわか

9章　微生物ゲノム

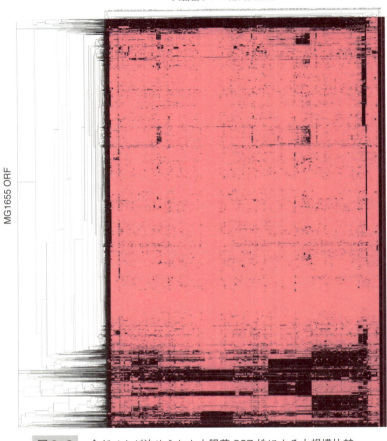

図9-3　全ゲノムが決められた大腸菌237株による大規模比較

全ゲノムが解析可能な237株についてモデル大腸菌の遺伝子との保存性を解析した．赤は保存されている遺伝子，黒は保存されていない遺伝子を示す．

る．一方，赤色で示したグラフからわかるように，多くのファージ由来の遺伝子群の保存性は低い．

　予想通り，大腸菌の生育にとって非常に重要な遺伝子群は，多くの大腸菌において共通の遺伝子であることがわかる．一方外来性の遺伝子でも，必須遺伝子のように振る舞う遺伝子が存在する．細胞死を引き起こす遺伝子とそれを抑制する遺伝子のセットはプラスミドやファージにコードされているので，その抑制遺伝子が欠失した場合に細胞死を引き

9.2 ケーススタディー

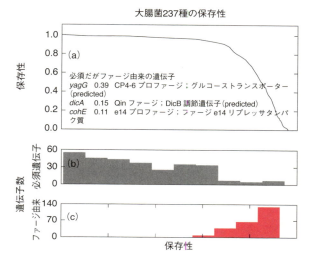

図9-4 必須遺伝子と保存性
(a)非病原性大腸菌 K-12 とほかの大腸菌との遺伝子群の保存性を示す．縦軸は K-12 の遺伝子群との保存性，横軸は保存性の高い種から順に並べてある．(b)K-12 がもつ約 300 個の必須遺伝子とほかの大腸菌との保存性を，(c)K-12 がもつファージ由来の外来性遺伝子群の保存性を示す．K-12 と保存性の高い種では必須遺伝子はよく保存されているが，外来性の遺伝子群はそれほど保存されていない．

起こす．しかし，yagG はトランスポーターとして分類されており，どのような機構で大腸菌に必須性をもたらしているのかは現在のところ不明である．

9.2.3 ゲノムプロジェクト

いったんゲノム配列が決定されれば，その近縁種のゲノム配列決定は非常に迅速に行えるようになってきた．大量に得られる配列データを，決定されている近縁種のゲノムにマッピングを行うのである．日本とアメリカの研究グループはモデル微生物の大腸菌 K-12 の W3110 株と MG1655 株のゲノム配列を決定した．その後，MG1655 由来の大腸菌を利用して，遺伝子欠失株ライブラリーの構築を行い，その親株 2 種類のゲノム配列を，次世代シーケンサーにより決定した．1 回の配列決定反応で 2 種類の大腸菌ゲノム配列決定には十分な量のデータが確保できる．配列決定には「454 GS20」と「Genome Analyzer」を，マッピングには Bowtie[13] を利用した．2 種類の次世代シーケンサーを用いることで，一塩基置換なども非常に迅速に同定可能である．さらに，これまでの大腸菌ゲノム配列の誤っている部位も同定できている．

ゲノム配列の鋳型となる近縁種が存在しない場合，ゲノム配列決定にはまだ難しさが伴う．それはリボソーム RNA 遺伝子や挿入配列など，リピート配列部分を決定するには工夫が必要だからである．しかし，現在では「PacBio シーケンサー」などの次世代シーケンサーの出現により配列リード長が非常に長くなり，その状況も大きく変わりつつある．

9.2.4 メタゲノム解析

環境中より DNA を回収し，その配列決定を行うことで，そこに存在する微生物ゲノムの解析をメタゲノム解析という．土壌，海洋，湖水などの環境のみならず，ヒトの体内，体表面，組織などにおける微生物種の分布の解析も行われている．これにより，難培養性微生物ゲノムの解析，環境中からの有用遺伝子資源探索，さらに個体差や健康状態の違いによる微生物相の違いなどの解析が可能となっている．ヒトは約 60 兆個の細胞から構成されているが，ヒト 1 個体に存在するバクテリアは，100 兆個体以上である．個体差や健康状態との関連などの解析が**ヒトマイクロバイオーム**というプロジェクトで進められている[13, 14]．

ヒトマイクロバイオーム
ヒトの皮膚や腸内などヒト組織上(内)で生息する一群の微生物集団を指す．

9.2.5 変異位置同定

遺伝子機能解析において，サプレッサー変異の解析は重要な研究方法である．ある遺伝子の変異により生育できなくなった株も，その条件での選択を続けると，生育が可能になる株が出現する．導入した変異が野生型に戻る復帰変異も存在するが，別の遺伝子に変異が起こることで生育が可能になる場合，この変異を抑制変異(サプレッサー変異)という．

これまではその変異のクローン化やマッピングなどは困難を伴う解析であったが，次世代シーケンサーの出現によりその状況は一変した．抑制変異をもつ株のゲノム解析を行い，直接変異の同定を行うのである．一塩基置換(SNPs)や短い挿入や欠失は非常に迅速に決定可能である．逆位や大規模なリアレンジが起こっている場合には困難を伴うが，少なくとも変化が起こっている部位を特定することは非常に容易になった．複数の変異が入っている場合には，それらの変異の分離を行い，責任部位の同定が必要になる．また，経時的に取得した株の変異導入の順序な

ど責任部位の同定には，別の解析が必要となる．

9.2.6 ポピュレーション変動解析

筆者らは，20 bp の分子バーコードを挿入した一遺伝子欠失株ライブラリーの構築を行っている．バーコード配列と欠失された遺伝子との対応をつけているので，個々の欠失株のバーコード配列をシーケンサーで読み取ることができれば，混合培養液中のポピュレーションの変動を読み取れる．混合培養液より DNA を回収し，バーコード領域のみを PCR で増幅させる．その際，シーケンスプライマーを結合したプライマーを設計し，増幅を行い，シーケンサーでバーコードの頻度を解析するのである．実験の概要を模式的に示す（図 9-5）．

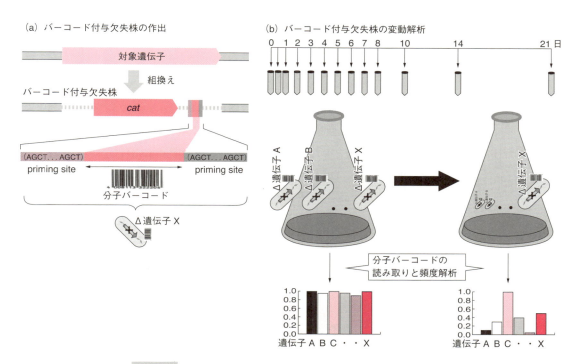

図 9-5 分子バーコードを利用したポピュレーション変動解析

対象遺伝子を分子バーコードと組換えると，その領域を増幅することで，培養液中にその配列をもつ集団（欠失株）の相対量を決定することが可能になる．つまり，重要な遺伝子を欠失した株は相対的に少なくなる．20 bp の分子バーコードを挿入した欠失株ライブラリーを例に，長時間の培養中のポピュレーション変動の解析例を示す．

9.2.7 遺伝子発現解析

これまでトランスクリプトームと呼ばれる網羅的な遺伝子発現解析には，DNAマイクロアレイやDNAチップが利用されてきた．これらはスライドガラスやシリコンウェハーに高密度にDNAが固定されたものである．細胞から回収したRNAをcDNAに変換し，ハイブリダイゼーションでどの遺伝子がどれほど発現しているかを解析する．この解析も次世代シーケンサーの出現により，mRNAからDNAに変換された断片の配列決定を行う（図9-6a）．

9.2.8 転写開始位置決定

バクテリアのmRNAの5′末端にはトリリン酸が結合している．このリン酸基が存在しないとRNAを分解するヌクレアーゼ（nuclease）を利用することで，mRNAの5′末端を濃縮できる．あとは濃縮されたmRNAをDNAに変換し，その配列を決定することで，転写開始点の決定が可能である[15]（図9-6b）．

9.2.9 タンパク質結合領域解析

DNA結合能をもつタンパク質の結合領域の同定にも次世代シーケンサーは変革をもたらした．これまで，**ChIP-chip解析**といわれていた解析であるが，DNAチップを利用する代わりに，シーケンサーを利用する．基本的な流れは，タンパク質が結合している状態を固定化剤やUV（紫外線）照射により固定する．目的タンパク質にタグが付加されている場合はタグ，そうでない場合は，そのタンパク質に対する抗体を利用してDNAを結合した状態のタンパク質を回収する．この固定化された複合体よりDNAを回収し，シーケンサーで読み取るのである（図9-6c）．

9.2.10 翻訳状態解析

これまで解説してきたように，必要な部分の核酸さえ回収できれば，その配列を決定することで多くの情報を得ることが可能である．細胞内での翻訳状態の解析もその対象である．リボソームに覆われているmRNAの部分を配列解析することで，そのときに翻訳されている部位

ChIP-chip解析
chromatin immuno-precipitation chip解析の略．抗体を用いて特定のDNA-タンパク質複合体を精製し，その結合DNA領域をDNA chipで解析する方法．

9.2 ケーススタディー

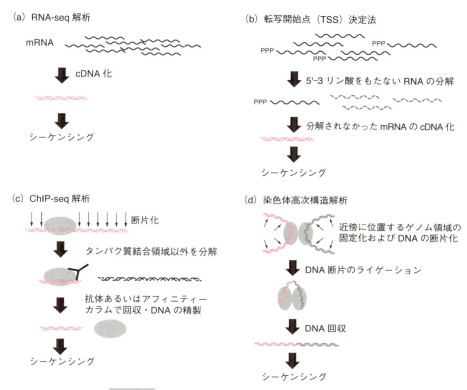

図9-6 シーケンス解析を利用した研究方法の例

(a) トランスクリプトーム解析の例. mRNA から cDNA を作製し, その配列を決定することで発現量を解析. マイクロアレイに替わる解析方法. (b) 分解を受けていないバクテリアの mRNA の 5' 末端にはトリリン酸が付加されている. トリリン酸を持たない mRNA を認識し, 分解する酵素で処理をすることで, 開始点をもつ mRNA の濃縮を図る. (c) ゲノム DNA に結合するタンパク質を固定化したあとに DNA を断片化. 目的とするタンパク質を抗体やアフィニティーカラムを利用して濃縮する. その後, 結合 DNA 断片を精製し, 配列を決定することで, タンパク質結合領域を決定する. (d) ゲノム DNA 上の離れた位置に存在するが, 空間的に折りたたまれた際に隣接する領域を同定する. タンパク質などを介して隣接する DNA をタンパク質とともに固定化する. 断片化したあと, 隣接する DNA をリガーゼなどで結合し, その結合断片の配列決定を行うことで, 空間上で隣接する領域の同定を行う.

を調べることが可能である. リボソームプロファイリングと呼ばれ, 翻訳の頻度や一時的な停止状態などを定量的に解析することが可能である.

9.2.11 染色体高次構造解析

真核生物において, クロマチンの動的構造が機能発現において重要で

あることが議論されてきたが，最近その詳細な機構の解明も急加速している．原核生物においても真核生物と同様に，染色体は核様態タンパク質と呼ばれる一群のタンパク質と相互作用し，機能発現にその構造が重要である．この分野でも，次世代シーケンサーを利用した解析が進んでいる．細胞内で物理的に近接するゲノム配列を決定することで，ゲノムDNAの細胞内での配置の解析を行う．概念図を図 9-6(d) に示す．基本的な方法は，クロスリンカーを作用させることで，タンパク質複合体同士で相互作用する領域を DNA とともに固定化する．次いで，DNA の断片化を行い，その断片の末端同士をライゲースで結合させる．こうして物理的に近接する DNA 同士を結合させ，その配列をシーケンサーで読むことで，ゲノム配列のどの部分が，近傍に存在しているかを解析する．

結局，転写解析やタンパク質結合領域同定など，解析対象を DNA にすることができれば，次世代シーケンサーによる解析が可能になる．簡単に図にまとめる．現在筆者らのグループは接合を用いて一遺伝子欠失を網羅的に二重化する方法で遺伝的ネットワーク解析を進めており，また二重のランダム挿入変異を高速にシーケンサーで同定する方法の開発に取り組んでいる．まだまだシーケンサーの応用は広がりつつある．

9.3 おわりに

これまで筆者らの研究グループの周辺で実際に行われてきたシーケンサーを利用した微生物における網羅的な解析および学会などの事例を簡単に紹介した．個々の解析の具体的な手法などは，技術書やあげた文献を参考にされたい．21 世紀に入り，シーケンサーの技術革新による生物学へのインパクトは非常に大きい．欧米と中国を中心に 1000 人ゲノムプロジェクトが非常な勢いで動いている．シーケンス技術の革新により，個人間の違いを解析することで，ヒトの理解を深め，医療などに役立てようというものである．新しいものを追うだけが研究の最先端ではないにしても，5 年，10 年，さらにその先の流れも考える息の長い研究を忘れてはいけないだろう．

◇文　献◇

1) R. Dulbecco, *Science*, **231**, 1055 (1986).
2) T. Yura et al., *Nucleic Acids Res.*, **20**, 3305 (1992).
3) F. R. Blattner et al., *Science*, **277**, 1453 (1997).
4) Y. Yamamoto et al., *DNA Res.*, **4**, 91 (1997).
5) S. Henikoff, *Science*, **278**, 609 (1997).
6) R. L. Tatusov, *Science*, **278**, 631 (1997).
7) T. Hayashi et al., *DNA Res.*, **8**, 11 (2001).
8) N. T. Perna et al., *Nature*, **409**, 529 (2001).
9) R. A. Welch et al., *Proc. Natl. Acad. Sci. USA*, **99**, 17020 (2002).
10) D. A. Rasko et al., *J. Bacteriol*, **190**, 6881 (2008).
11) O. Lukjancenko et al., *Microb Ecol.*, **60**, 708 (2010).
12) H. Cook and D. W. Ussery, *Environ. Microbiol.*, **15**, 3121 (2013).
13) The NIH Human Microbiome Project Working Group, *Genome research*, **19**, 2317 (2009).
14) The Human Microbiome Project, *Nature*, **486**, 207 (2012).
15) C. M. Sharma and J. Vogel, *Curr. Opin. Microbiol.*, **12**, 536 (2009).

森　浩禎（もり　ひろただ）
1956年京都府生まれ．1980年京都大学農学部卒業．博士（理学）．現在，奈良先端科学技術大学院大学バイオサイエンス研究科教授．おもな研究テーマは「大腸菌を用いたシステム生物学」．

PART 2 次世代シーケンサーの利用例

10章 絶滅危惧種のゲノム解読とその利用

二階堂 雅人・岡田 典弘

次世代シーケンサー
NGSで何が変わった？

導入前 before
- 特定の遺伝子で遺伝的多様度を算出するので，遺伝子により多様性が大きく異なることがある
- おもにミトコンドリアゲノムに基づいて分子進化速度を算出していた

導入後 after
- **多数の遺伝子**で遺伝的多様度を算出することで平均化でき，生物の絶滅の危険性を**客観的に評価**できる
- ミトコンドリアゲノム以外にも，**核ゲノム**に基づく分子進化速度を算出できるようになった

10章　絶滅危惧種のゲノム解読とその利用

10.1　絶滅の危機に瀕する生物種

　この地球上には数限りないほど多様な生物種が存在しており，地球誕生から現在に至るまでの長い歴史のなかで栄枯盛衰（種の誕生と消失）を繰り返してきた．種の栄枯盛衰には地球環境の変遷が大きく関係しており，その流れはわれわれヒトの誕生をもってしても何ら変わることはないはずであった．しかし，ヒトの文明活動の活発化は同時に急速な環境破壊をもたらし，本来ならば絶滅するはずのない生物までもが絶滅の憂き目にあう現状がそこかしこで見受けられる．

　昨今において問題となっているこの生物多様性の減少をいかにして食い止めるか，さらには今まさに絶滅に瀕している生物種をどのようにして未来へ託していくべきかを考えたときに，次世代シーケンサー（**NGS**）がまさに強力なツールとなりうることは間違いない．生物の設計図ともいえるゲノム DNA 配列をすべて解読することは次世代シーケンサーの登場によりそれほど困難なものではなくなってきた．また，その生物種の生態や集団構造を全ゲノムレベルで理解する技術も，それに付して急速に発達してきた．これらの技術を駆使して得られた生態学的知見に基づき地球環境の保全に取り組む時代がきていると考えている．

　2013 年 11 月 23 日付 *Nature Communications* 誌[1]で，すでに絶滅が宣言されているヨウスコウカワイルカ（*Lipotes vexillifer*）の全ゲノム解読の論文が発表された．その論文ではヨウスコウカワイルカのゲノム DNA の多様性が著しく低いことが示され，この種が絶滅に至った経緯が最尤法を用いて詳細に推定された．このようにある生物における絶滅の危険性を客観的に評価する手立てとしても次世代シーケンサーとそれに付したゲノム解析技術が大きく貢献できることがうかがえる．さらにもう一歩進んで，近い将来には，すでに絶滅してしまった生物をその全ゲノム情報に基づいて再度この世につくりだすことも不可能ではない時代がくることを期待してもよいだろう．

　本章では，生きた化石として注目されながらも現在は絶滅危惧種に指定されている"シーラカンス"の全ゲノム決定の詳細とそれにより明らかになったゲノムの特徴，さらには保全への取り組みについて中心的に

紹介する．また，人為的な環境破壊によって多くの種が絶滅の危機に瀕していると考えられている"ビクトリア湖産シクリッド"の全ゲノム決定に関しても簡単に紹介したい．

10.2 生きた化石"シーラカンス"

10.2.1 シーラカンスの発見

シーラカンスは，L. Agassiz（1844）[2]によって記載されて以来その存在が知られており，古生代から中生代の淡水・海水域に相当する地層においては化石記録が豊富なことから，過去にはきわめて多様性に富んだグループであったと考えられている．新生代（白亜紀後期以降）からはシーラカンスの化石記録が途絶えてしまうので，6500万年前に起きた隕石衝突にともなう生物の大量絶滅の際にシーラカンスも絶滅してしまったものと考えられてきた．そのため，1938年に南アフリカのイーストロンドンで，M. Courtenay-Latimerによって現存個体が発見されたときには，学会のみならず一般世間にも大きなセンセーションを巻き起こしたのであった[3]．

その後のJ. L. B. Smithらによる14年間にもおよぶ探索の結果，ようやく2頭目の個体がコモロ諸島で発見され，ここに大きなシーラカンスの繁殖集団があることが明らかとなった．つい最近では，筆者らのグループがタンザニア沿岸域にもコモロ諸島とは別の繁殖集団が存在することを明らかにしており[4]，生きた個体の発見から70年ほどたった現在ではコモロ諸島やアフリカ大陸東岸に沿って棲息している *Latimeria chalumnae* およびインドネシア近海に生息している *L. menadoensis*[5] の2種が現存種として知られている．

シーラカンスは水中に生息する魚であるが，形態学に基づいた分類ではカエルや哺乳類に代表されるような陸上動物に近縁な肉鰭類に属する（図10-1）．実際に近年におけるDNAレベルでの分子系統学的な研究からも，シーラカンスが一般的な魚類よりもむしろ陸上動物のグループに近縁であることが示唆されてきている[6]．その肉鰭という名が示すようにシーラカンスの鰭は，一般的な魚の鰭（条鰭）とは異なり，その内部

10章　絶滅危惧種のゲノム解読とその利用

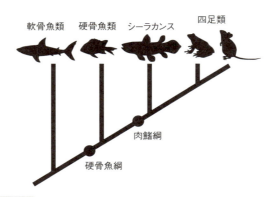

図10-1　脊椎動物の進化におけるシーラカンスの系統的位置
シーラカンスは肉鰭類に含まれ，硬骨魚類よりむしろ四足動物に近縁であることがわかっている．

には丈夫な骨格と筋肉が備わっている．このように，シーラカンスの肉鰭はちょうど魚の鰭と陸上動物の四肢の中間段階を示していることから，魚と陸上動物をつなぐ進化上の**ミッシングリンク**になりうる．また，現存するシーラカンスの形態的特徴は，数億年も前の化石種からほとんど変化していないことから「生きた化石」とも呼ばれている．つまり，シーラカンスは「どのようにして脊椎動物が陸上化を達成したか」，「なぜ形態進化のスピードがきわめて遅いのか」，といった問題を解決するための鍵となる動物として注目されているのである．

ただし，シーラカンスはきわめて希少かつ絶滅の危険性が高いので，ワシントン条約の第I類に指定されている．そのため，たとえ研究目的であってもシーラカンスを狙った積極的な漁獲は許可されていない．これまでに筆者らが研究に使用してきたシーラカンス個体は，タンザニアやコモロ，インドネシアの地元漁師によって間違えて混獲された個体を，現地研究機関の協力のもとワシントン条約の規定に基づいて輸入したものである．筆者らは日本のゲノム研究の最前線に立つ研究グループとともに，計5頭のシーラカンスについて全ゲノム配列の解読を行った[7]．

10.2.2　シーラカンスゲノムの決定

シーラカンスゲノムの新規決定には，タンザニア沖で捕獲された母親

ミッシングリンク
まだ確認はされていないものの，ある二つの種群のちょうど中間段階として存在する，もしくは存在したと予想される種．

10.2 生きた化石 "シーラカンス"

図10-2　全ゲノムを決定したシーラカンス稚魚個体と同腹の別個体（TCC041-001）

シーラカンス（個体識別番号TCC041）の胎内で見つかった稚魚（個体識別番号TCC041-004，図10-2は同腹稚魚の別個体）の筋肉から抽出したDNAを用いた．RNA-seqによる解析も予定されていたため，解剖は完全に凍結された状態からはじめ，RNAが分解しないようにドライアイスを敷き詰めた解剖台の上にて細心の注意を払いながら進めた．まず全身個体を小型ノコギリで三分割し，各々のパーツをマイクロCTスキャンによって撮影し，各臓器の配置を確認することでその後の摘出作業の効率化を図った（図10-3a，b）．

シーラカンスの外見は一般の魚種とそれほど大きな違いは認められないが，内臓の配置は大きく異なっている（もちろん陸上動物とも異なっている）．このCT撮影による確認作業を行わなければ，とくに心臓や腎臓を半凍結した状態のままで摘出することはかなりの困難であったであろう．

摘出した各組織は迅速に液体窒素内にて凍結保管し，のちほどDNAやRNAの抽出に使用した．抽出したDNAについてはペアエンド（300 bp，500 bp，1 kbp）およびメイトペア（2.5 kbp，5 kbp）ライブラリーを作成し，それらをIllumina社「HiSeq 2000」によって網羅的な塩基配列決定を行った．

総塩基数として800 Gbpを超える膨大な配列データを集め，そのなかからアダプター配列，クオリティーの低いリード，重複したリードを除

10章　絶滅危惧種のゲノム解読とその利用

図 10-3　マイクロ CT 撮影
(a) 臓器を摘出する前のシーラカンス稚魚．三つのパーツを個別に解析した．(b) マイクロ CT の画像から内臓の位置関係を確認している様子

去した約 780 Gbp（最終的にはシーラカンスゲノムサイズの 300 倍に相当する量）のデータを解析に用いた．アセンブルには東京工業大学の伊藤武彦研究室にて開発された PLATANUS を用いた．その結果，シーラカンスのゲノムサイズは 2.74 Gbp と推定され，これはメダカやゼブラフィッシュなどに代表される一般的な魚種（1 Gbp）と比較すると 3 倍ほど大きく，むしろヒトを含めた哺乳類（3 Gbp）に近いことがわかった．

アセンブルされたゲノム配列の質の目安ともいえるスキャフォールドの N50 は 331 kbp となり，これは次世代シーケンサーを用いてこれまでに新規に決定された他種のゲノムドラフト配列と比較しても遜色ないものであった（表 10-1）．筆者らが研究に使用しているシーラカンス個体は，漁師によって混獲されてからしばらくのあいだ，砂浜に放置されていたことを考えれば，この結果は予想以上によいものであろう．

さらに筆者は今回新規に決定されたシーラカンスのドラフト配列をリファレンスとして，タンザニア産 2 個体，コモロ産 1 個体，インドネシア産 1 個体のゲノム配列をリシーケンスすることで（マッピングには bowtie2 を使用），計 5 体のシーラカンスについて全ゲノム配列を決定した．また，これらのデータをすでにゲノム配列の解読されているモデル生物と比較することで，シーラカンス集団の遺伝的多様性に関する興味深い知見が得られた．

10.2 生きた化石"シーラカンス"

表 10-1 新規に決定したタンザニア産シーラカンスゲノムの概要配列の統計値

概要配列	統計値
総塩基長	2.74 Gbp
スキャフォールド数	37861
スキャフォールド長（N50）	331 Kbp
最長のスキャフォールド長	2.38 Mbp
ギャップ（N）の割合	4.50%

10.2.3 シーラカンスゲノムの進化速度

まず筆者らは，タンザニア産シーラカンス（L. chalumnae）とインドネシア産シーラカンス（L. menadoensis）の核ゲノムで互いが異なっているサイトを全ゲノムから比較・抽出し〔SNV（single nucleotide variant）の抽出には SAMtools を使用〕，それを指標に二種間の遺伝的多様度を算出したところ，わずか 0.18% に過ぎないことが明らかとなった．

先行研究におけるミトコンドリア全長配列の解析や地質学的な知見から，上記の 2 種が分岐したのがいまから約 2000 万〜3000 万年前と推定されていること[8]を考慮すると，シーラカンスにおける核ゲノムの進化速度は $0.03 \sim 0.045 \times 10^{-7}$%／年であると算出される．それに対して，いまから 600 万年前に分岐したヒトとチンパンジー間の遺伝的多様度は約 1.4% で，その進化速度は 1.2×10^{-7}%／年と算出される．

これらを単純に比較するとシーラカンス種間の核ゲノムの進化速度はヒトとチンパンジーのそれと比較して 40 倍以上も遅いことになる．もしかすると，シーラカンスの形態的な変化がきわめて遅く生きた化石と呼ばれている現象が，この DNA 進化速度が遅いことに起因しているかも知れない．つまり，絶対的な DNA 変異量が極端に少なければ，それだけ形態形成をつかさどる遺伝子や**エンハンサー領域**への変異も減ると予想され，形態的な変化も制限されるはずだからである．ただ，古くから形態が変化していない生物はシーラカンス以外にも，ゴキブリやトンボ，カブトガニなど多くの例が知られており，形態進化と DNA 進化速度の関連性を議論するためには，上記のグループについてもゲノムの進化速度を詳細に研究する必要があるだろう．

エンハンサー領域
遺伝子の発現を調節する転写因子（タンパク質）が結合するゲノム領域．

また，インドネシア海域から西インド洋の間は10,000 kmもの距離で隔てられているものの，ここには海流が通じており，それぞれの集団間においても遺伝的交流が可能なのではないかと唱える研究者もいる[9]．そうなると，ミトコンドリアゲノムによって推定された2000万～3000万年前という分岐年代そのものが必ずしも正しいとはいえなくなる可能性も出てくる．このシーラカンスゲノムの進化速度に関しては，アフリカ，インドネシアの個体数を増やしてより詳細な解析が必要であることは間違いないだろう．

10.2.4 シーラカンスの遺伝的多様性

次に，筆者らは遺伝的多様度の指標となるヘテロ接合度について，ゲノムを決定した5頭のシーラカンスをタンザニア，コモロ諸島，インドネシア集団に分けて解析したところ，それぞれが0.0023, 0.0019, 0.0061％と算出された（表10-2）．つまり集団ごとに遺伝的多様度に大きな違いが観察されたことになり，その違いはどの集団間においても統計学的にも有意であった．その遺伝的多様性はコモロ諸島の集団においてもっとも低く，筆者らが以前に行ったミトコンドリア全長配列による解析においても同様の結果が得られていた．

コモロ諸島では，まだワシントン条約によってシーラカンスの捕獲が禁止される以前に，ヨーロッパの研究グループによってかなりの頭数（200頭以上）が捕獲されたことが知られている．本来，コモロ諸島に生息するシーラカンスはせいぜい1000頭程度であると考えられているが，このような乱獲があったことで，この海域の集団サイズが急激に縮小し，それが現在の遺伝的多様性の低さにつながっている可能性が高い．遺伝的多様性が低くなると，環境の偶発的な変化に集団が対応しきれず，絶

表10-2 タンザニア沖，コモロ諸島，インドネシアのシーラカンスのヘテロ接合度の比較

分布域	全サイト	エクソン	イントロン＋遺伝子間領域
タンザニア（TCC041-004）	0.00234％	0.00188％	0.00234％
コモロ諸島	0.00188％	0.00145％	0.00188％
インドネシア	0.00611％	0.00418％	0.00615％

減してしまう可能性が大きくなることが予想される．今回のゲノムレベルでの解析結果によって，より一層の保全策が必要であることが示唆された．

筆者らの研究と平行して，タンザニア政府はムヘザ地方タンガ村に位置する沿岸部の約 30 km に渡って，広大なマリンパーク（シーラカンスマリンパーク）を新設することを決定し，現在その建設が段階的に進められている．また，それと同時にケニアとの国境までのさらに北側 25 km の沿岸域には生態系保護区（タンガ・マリンリザーブ）が設定された．筆者らのゲノムレベルでの研究が，実際にタンザニア政府案としての保全対策の実行をよいかたちで後押しできたのではないかと考えている．

10.3 適応放散のモデル生物

10.3.1 東アフリカ産シクリッド

筆者らは先述のシーラカンスに加えて，東アフリカに位置する三大湖（タンガニィカ湖，マラウィ湖，ビクトリア湖）に生息するシクリッド（カワスズメ科の淡水魚の総称）についても，その進化の研究をゲノムレベルで進めている．東アフリカ産シクリッドに関するこれまでの先行研究によれば，数百種にものぼる三大湖のシクリッドは，それぞれが湖固有のグループを形成するだけでなく，各湖内において独立に生態的・形態的な多様化を遂げたことが明らかとなっており，**適応放散**のモデル生物として注目されている[10]．

そのなかでもビクトリア湖は，その成立年代が 15,000 年前ときわめて新しいため，そこに生息するシクリッドは種間，集団間の遺伝的多様度もきわめて低い．それにも関わらず，ビクトリア湖のシクリッドは形態的，生態的にきわめて多様である（図 10-4）．そのため，ごくわずかな遺伝的変異のなかからその多様化に関わる原因遺伝子を探しだすことが比較的容易であると期待し，とくにビクトリア湖産のシクリッドに焦点を当てて研究を続けている[11]．

しかし，ビクトリア湖では，1950 年代に水産資源の増産を目的とし

適応放散
1 種もしくは少数の祖先種が，短期間に著しい種分化を繰り返すこと．生態的ニッチに空白が生じた環境下で起こりやすい．

10章　絶滅危惧種のゲノム解読とその利用

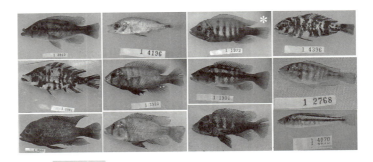

図10-4　ビクトリア湖産シクリッドの形態的多様性
上段右から二つ目(*)が全ゲノム配列の新規決定を行った種 *Pundamilia nyererei*.

て移植されたナイルパーチ(体長1mを超す大型の魚食性の魚)が,シクリッドの捕食者として爆発的に個体数を増やしたことに伴い,かつては500種以上が存在していたとされるビクトリア湖産シクリッドの半数以上が絶滅してしまったとの報告がある.

ナイルパーチの移入によって引き起こされた生態系破壊に関しては,ドキュメンタリー映画「ダーウィンの悪夢」の題材にもなり注目された.ただ,ここ数年間におけるタンザニア水産研究所(TAFIRI)の漁獲調査では,絶滅したと考えられていたシクリッドのいくつかは再発見され,絶滅に瀕していた種に関しても個体数が回復傾向にある.

10.3.2　シクリッドゲノムの決定

筆者らは,東アフリカ産シクリッドの多様化に関わるメカニズムの解明のみならず,ビクトリア湖産シクリッドの絶滅回避に向けた種ごとの遺伝的多様性のモニタリング体制の構築を目指し,これらシクリッドの全ゲノム配列の決定を計画した.ただ,東アフリカ産シクリッドはグループ間の分岐年代が数万～一千万年という大きな幅をもっていることから,ある特定の1種のみについて全ゲノムDNA配列を決定しただけではシクリッドの進化メカニズム解明は難しい.つまり,東アフリカ産シクリッドを系統ごとにいくつかの大きなグループに分けて,それらのなかから代表種をいくつか選びだして全ゲノム配列を決定・比較する必要性があった.

Maryland大学のT. Kocherの呼びかけで世界各国のシクリッド研究者

10.3 適応放散のモデル生物

が集い，シクリッドゲノムコンソーシアムを立ち上げた．各国の研究者が代表種の選別について協議し，新規に全ゲノムを決定するのは以下の5種，河川に生息しており東アフリカ産シクリッドのなかでは最も祖先的な系統であるティラピア (*Oreochromis niloticus*)，タンガニィカ湖に生息する *Neolamprologus brichardi*，タンガニィカ湖の浅瀬もしくは周辺河川などに生息する広域分布種の *Astatotilapia burtoni*，マラウィ湖の *Metriaclima zebra*，ビクトリア湖に生息する *Pundamilia nyererei* に決定した(図10-5)．

これらの5種のゲノムDNAについての「HiSeq2000」によるショートリードの読み取りや，ALLPATHS-LGを用いたアセンブル作業はアメリカのB. Instituteによって行われ，最終的にはスキャホールドのN50がおしなべて1 Mbpを超えるような質の高いデータを得ることに成功した(表10-3)．このシクリッド5種のドラフト配列の詳細に関しては，

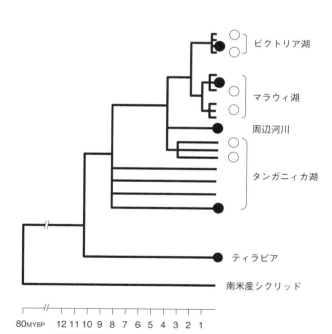

図10-5 東アフリカ産シクリッドの系統樹
黒丸は全ゲノム配列を新規に決定した種．白丸はリシーケンスによって全ゲノム配列を決定した種．下部に系統樹における年代(MYBP：million years before present)を記した．

10章 絶滅危惧種のゲノム解読とその利用

表10-3 新規に決定した東アフリカ産シクリッド5種の概要配列の統計値

	P. nyererei	M. zebra	A. burtoni	N. brichardi	O. niloticus
分布域	ビクトリア湖	マラウィ湖	周辺河川	タンガニィカ湖	河川（祖先種）
総塩基長（bp）	830 M	850 M	831 M	848 M	924 M
スキャフォールド数	7236	3801	8001	9098	5900
スキャフォールド長（N50）（bp）	2.5 M	3.5 M	1.2 M	4.4 M	2.8 M
最長のスキャフォールド長（bp）	10.9 M	15.9 M	6.7 M	21.4 M	12.6 M
ギャップ（N）の割合（％）	15.7	16.5	15.9	19.1	11.7

コンソーシアムとして論文を発表した[12]．

次に筆者らは，新規に決定された種の全ゲノム配列をリファレンスとして用い，その配列にマッピングする方法（マッピングにはBWAを使用）により，さらに計6種（ビクトリア湖，マラウィ湖，タンガニィカ湖からそれぞれ2種）のシクリッドの全ゲノムをリシーケンスすることを計画した（図10-5）．系統的に離れたドラフトゲノム配列に対してショートリードをマッピングし，それらの配列比較を行うような研究は前例がないため，今回のリシーケンス作業において正確にマッピングされるかどうかについて検証する必要があった．

リファレンス種を変えてそのショートリードのマッピング率（マッピングされたリード数／総リード数）を算出したところ，今回リシーケンスする6種について，どのリファレンス種を用いてもその6種間でのマッピング率に顕著な差は認められなかった．つまり，今回選んだシクリッド種に関しては，異種間ゲノム配列をリファレンスとして用いた場合でも正確にマッピングされており，変異サイトの抽出作業には大きな問題はないであろうということがわかった．これらのシクリッド種の遺伝的多様度は最大でも1～2％程度であると予想されているが，その程度であればマッピングに支障のないことが経験値として得られた．

現在はビクトリア湖産シクリッド *P. nyererei* をリファレンスとして用いたリシーケンスが終了し，大規模なゲノム比較を行っているところである．今後はこの比較ゲノムデータを基に，シクリッドの適応放散を可能にしたDNAレベルでの基盤を明らかにしていくだけでなく，現在もTAFIRIと共同で進めているビクトリア湖産シクリッドの絶滅回避に向

けた集団遺伝学的な解析を進め，最終的にはビクトリア湖生態系の保全案の策定へと活用していく予定である．

10.4 おわりに

　筆者らのグループは"シーラカンス"と"シクリッド"という，どちらも進化学的に重要なグループについてその全ゲノムDNA配列を決定する機会を得た．シーラカンスは数億年ものあいだその形態を変えていない"生きた化石"であるのに対し，シクリッドは短期間に驚くべき形態的多様性を獲得した「適応放散のモデル生物」であることから，互いに対照的な研究対象であったといえる．

　ゲノム決定に関わるストラテジーはシーラカンスとシクリッドにおいて若干異なっていたが，結果的に次世代シーケンサーを利用して得られた全ゲノム配列の情報は，形態進化とゲノム進化を橋渡しする重要なデータになることは間違いない．絶滅に瀕したシーラカンスやシクリッドの全ゲノムレベルでの集団構造の解明と，それに基づく保全研究が，まさにこれからはじまろうとしているところである．

◇文　献◇

1) X. Zhou et al., *Nat. Comm.*, 4, 2708 (2013).
2) L. Agassiz. "Recherches sur les Poissons Fossiles. Vol. 2," Imprimerie de Petitpierre, Neuchâtel (1844).
3) J. L. B. Smith, *Nature*, 143, 455 (1939).
4) M. Nikaido et al., *Proc. Natl. Acad. Sci. USA*, 108, 18009 (2011).
5) M. V. Erdmann et al., *Nature*, 395, 335 (1998).
6) T. Gorr et al., *Nature*, 351, 394 (1991).
7) M. Nikaido et al., *Genome Res.*, 23, 1740 (2013).
8) J. G. Inoue et al., *Gene*, 349, 227 (2005).
9) A. L. Gordon, *Nature*, 395, 634 (1998).
10) T. D. Kocher et al., *Nat. Rev. Genet.*, 5, 288 (2004).
11) 溝入真治ら，"ヴィクトリア湖南部のシクリッド—種形成の現場，"工学図書 (2008).
12) D. Brawand et al., *Nature*, 513, 375 (2014).

10章　絶滅危惧種のゲノム解読とその利用

二階堂雅人（にかいどう　まさと）
1976年東京都生まれ．2002年東京工業大学大学院生命理工学研究科博士課程修了．博士（理学）．現在，東京工業大学大学院生命理工学研究科助教．おもな研究テーマは「適応進化の分子メカニズム」．

岡田　典弘（おかだ　のりひろ）
1948年東京都生まれ．1978年東京大学大学院薬学系研究科博士課程修了．薬学博士．現在，国際科学振興財団主席研究員，国立成功大学（台湾）教授．おもな研究テーマは「分子進化，レトロポゾン」．

PART 2　次世代シーケンサーの利用例

11章 ゲノム合成生物学での次世代シーケンス

板谷　光泰・吉川　博文

NGS（次世代シーケンサー）で何が変わった？

導入前
- 対象ゲノムを細かくクローン化して各研究室で解読し，繋ぎ合せてゲノムを解読した
- リシーケンス（ゲノム解読が終了している種のゲノムを再び読む）に膨大な手間とコストがかかる

導入後
- リシーケンスが**比較的容易**にできる
- ゲノム合成中に生じた**1塩基レベルの置換変異**を検出できる
- 対数増殖期のゲノムDNA相対量を調べることで，ラン藻ゲノムの**複製起点**を同定できた

11章　ゲノム合成生物学での次世代シーケンス

11.1　ゲノム合成

　動物，植物，微生物に分類される地球型生物は，すべて細胞が基本単位であり，細胞は例外なくゲノムを有し，ゲノムは生体分子のなかで最大の高分子である．ゲノムの全塩基配列決定作業はいまでは日常化しており，膨大な配列情報を利用するゲノム科学の進展はすさまじい．

　塩基配列情報に基づく現在のゲノム科学が「眺めて調べる」伝統的な生物学的手法に留まる一方で，近年のゲノム合成技術の進歩によりゲノムを丸ごと利用するための基盤技術も進展している[1,2]．ゲノム合成の成功は，「つくって調べる」合成生物学での一大トピックスであり，応用面でも新規物質合成，環境，エネルギー問題解決へ導く新技術として期待されている．合成されたゲノムの全塩基配列は迅速に確認する必要があり，その意味でゲノム合成分野での展開は次世代シーケンスと切っても切れない密な関係である．

　ゲノム完全合成は大腸菌を用いる遺伝子工学だけでは不可能であったが，大方の予想を裏切って，大腸菌以外の宿主微生物の枯草菌と真核生物の酵母により達成された．ゲノム合成の実態は細菌のゲノムサイズに手が届いたレベルであり汎用性，拡張性にはまだまだ時間がかかりそうであるが，枯草菌や酵母での成果をきっかけに，ゲノム合成生物学と仮称される研究分野が提唱された．本章ではゲノム合成生物学を可能にした枯草菌ゲノムの歴史と発展を，次世代シーケンスとの絡みを中心にすえて解説する．

11.2　ゲノム合成技術と宿主依存性

　ゲノムは二重らせんDNAであり直径は20Åとすべての生物種で一定である．細く長い高分子であるDNAは水溶液中では物理的にせん断されやすい．よく知られた大腸菌ゲノム(環状で4600 kbp)では全長が約1.5 mmにも達する巨大高分子である．溶液状態では傷つきやすいDNAでも細胞内ではタンパク質や膜構造によって保護されるが，無傷の完全長ゲノムを細胞外に取りだして扱うのは現在でもきわめて困難である．

11.2 ゲノム合成技術と宿主依存性

　大腸菌ゲノム DNA を丸ごとクローニングするアイデアは，最初は当然ながら大腸菌で試みられた．しかしながら，大腸菌でのクローニングはプラスミドを用いるため，安定してクローニングできる DNA サイズに上限（約 400 kbp）があることが判明した[3]．微生物ゲノムは小さくても概ね 500 kbp 以上のため，ゲノム丸ごとのクローニングは大腸菌の系では不可能であり，まったく独立に開発された枯草菌[4,5]と酵母[6,7]で達成された．

　図 11-1 に酵母と枯草菌でのゲノム合成法の概要を示す（詳細は文献 1, 2, 4〜7 を参照されたい）．宿主が枯草菌でも酵母でも，合成したゲノムの塩基配列確認は必要であり，確認されたのちに合成ゲノムの機能解析に供する．PCR で増幅した遺伝子の配列確認は必須の作業であり，PCR でカバーできるサイズの限界をはるかに超えるゲノム DNA の配列確認には次世代シーケンスが不可欠である．実際，枯草菌で合成したラン藻（*Synechocystis* PCC6803）由来ゲノムの全塩基配列確認にも次世代シーケ

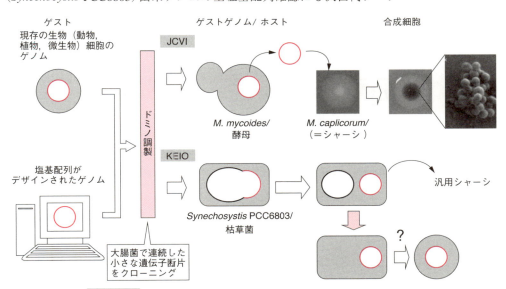

図 11-1　ゲノム丸ごと合成の宿主〔酵母（上段）と枯草菌（下段）〕

酵母の利用はアメリカの Venter 研究所（JCVI）にて開発された[6,7]．枯草菌の利用は，三菱化学生命研および慶應大学（KEIO）で開発された[1,2]．ラン藻ゲノムの回収とそのゲノムに由来する新規ラン藻細胞作製にはまだ成功していないが，遺伝子内には重篤な変異は見られなかった[8]ので希望はある（文献 2 から転載）．シャーシとはゲノムを導入する細胞構造体の総称で，Venter 研究所では *M. caplicorum* を用いた．慶應大学ではより汎用性の高い細胞構造体（汎用シャーシ）の開発を進めている．

ンスが適用され，結果として塩基配列はほとんど保存されていた[8]．

次世代シーケンスによる塩基配列確認でのハイライトとしては，図11-1に示す酵母で丸ごと合成したマイコプラズマ菌の一種である*Mycoplasma mycoides*の例が適当であろう．合成された*M. mycoides*ゲノムには，野生型ゲノムと区別するための数種類の塩基配列があらかじめ設計され組み込まれており，生育してきたゲノムは合成ゲノム由来であると確認された[6,7]．酵母で再構築された*M. mycoides*由来のゲノムは，全塩基配列確認作業によりマイコプラズマ細胞内でゲノムとして機能することが実証された．1000 kbpにもおよぶ*M. mycoides*ゲノム合成法の開発中に生じたたった1塩基の置換変異によりゲノムがまったく機能しないとの報告[6]も次世代シーケンスの能力のおかげである．

ゲノム合成を酵母で行うと，酵母は真核生物なのでバクテリア（原核生物）由来の遺伝子発現に気を使うことは少ない．しかしながら，枯草菌では事情はまったく異なる．枯草菌は原核生物なので，対象ゲノムが原核生物由来である場合，遺伝子発現制御への複雑な影響が懸念された[1,2,4,8]．以下に宿主である枯草菌ゲノムの解読の歴史と現状を述べる．

11.3 ゲノム合成の宿主である枯草菌 168 株：第1世代のゲノム解読

ゲノム合成を可能にする枯草菌（*Bacillus subtilis*）は土壌や大気中に広く生息している．枯れ草からも分離されることに由来する命名と思われるが，日本語での発音は「こそうきん」である．グラム陽性に分類される桿菌で，タンパク質分解酵素や界面活性剤であるサーファクチンなどのさまざまな物質を菌体外に分泌し，工業用途にも広く用いられる非常に有用な菌である．枯草菌は分離法，使用目的によって多数の株が報告されており，枯草菌168株に由来する菌が実験室株としては標準な系統である．この株は外部のDNAを自分の細胞内に能動的に取り込める性質をもつことが，実験室株として確立した最大の理由である．

塩基配列に依存しないDNAの取り込み能力は枯草菌同士の遺伝的掛け合わせに古くから応用され，プラスミドベクターDNAを用いる遺伝

11.3 ゲノム合成の宿主である枯草菌168株：第1世代のゲノム解読

子工学でもこの取り込み能力が活用された．分子生物学分野では枯草菌といえばまず枯草菌168株であり，人体には無害で，病原性もなく，きわめて安全性は高い．また，この株の全塩基配列は1997年に決定された[9]．第1世代の全塩基配列決定作業にはヨーロッパや日本が中心となり，アメリカや韓国も加えた12か国から150名以上の研究者が参画した．

国際協力の概要と，当時としては画期的に正確な物理地図を図11-2に示す．この配列決定プロジェクトは1990年から7年もの月日を要し，多数の現場の研究者が結束して決定したおそらく最後の全ゲノム解読作業である．第1世代に属する当時の全ゲノム配列解析は，対象ゲノムを細かくクローン化して解読し，それらの配列結果を繋ぎ合わせる時間と手間はかかるが手堅い手法のはずであった．

しかしながら，第1世代では研究室間で配列解読技術にむらがあり，結果的に多くのミスが残ったようである．この時代，完全長のゲノム情報を得るにはクローニングできない領域はPCR産物の解読に依存し，多数の研究機関が参画するプロジェクト方式で行われた例が多い．相当の

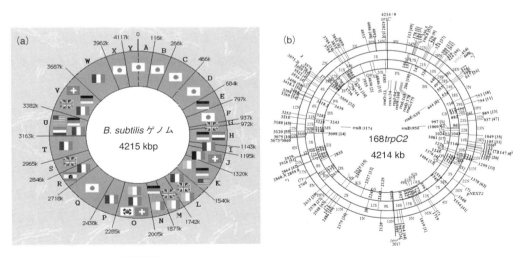

図11-2 枯草菌168ゲノムの国際プロジェクトによる解読

(a)第1世代のゲノム解読プロジェクトで割り振られた研究機関の所属する国名が国旗により担当領域ごとに示されている．ゲノム解読まで7年の時間を要した[9]．(b)配列解読作業効率を支えた枯草菌168株の正確な物理地図（板谷：1993年作成）．物理地図のゲノムサイズ（4188 kb）と配列解読（4215 kb）との差はわずかに27 kb（約0.7％）．当時としては驚異的な正確さだった．

資金も必要だったことから初期の数年は疾病，医療に直結する病原菌の解読が多数を占めた．科学的利用のためには正確さが要求されることもあり，大腸菌，枯草菌（図11-2）など一握りの菌に限定される傾向にあった．

11.4　次世代シーケンス世代の枯草菌ゲノム解読

　2007年，DNA塩基配列解読の標準法として広く普及していたサンガー法を使わない新型シーケンサーが相次いで発表された．原理などは1章および2章に詳細に記されているのでそちらを参照されたい．方法論の斬新さ，意外性以上に衝撃的だったのは，その解析速度と解読塩基量であった．2007年当時のスペックでも，それまでのシーケンサーの300倍以上の解読塩基量を誇ったことから，これらの新型シーケンサーは次世代シーケンサーと呼ばれ，その後も改良により解読塩基量が年々増加している．

　次世代シーケンサーは，一台の機械でゲノム解読だけでなく，さまざまな核酸オミックス解析を可能にする点がきわめて優れている．DNAマイクロアレイなどの技術のように生物種ごとに解析用チップをカスタム製造する必要がないため，ゲノム情報のない非モデル生物において，従来では不可能であったトランスクリプトーム解析をはじめとするオミックス解析をいきなり実施することが可能になった．

　次世代シーケンサーによる解析手法として，主要なものとしては，新規ゲノム解析，リシーケンス解析，トランスクリプトーム解析（RNA-seq），転写開始点解析（TSS-seq），DNA結合タンパク質の結合領域解析（ChIP-seq），エピジェネティクス（メチローム，クロマチン修飾）解析，メタゲノム解析，特定遺伝子の多型解析（Amplicon-seq），などがある．これらの解析手法の実用的な使用目的としては，たとえば，産業的に有用な微生物のゲノム情報の特許化，防疫や外来微生物の混入などの検査，作物の品種改良や連鎖地図の作成，特定遺伝子のコピー数多型の検出，土壌や動物の腸内などの微生物叢に含まれる微生物種の網羅的解析などがある．

　第1世代で解読された枯草菌168株ゲノム[9]は，その後研究者のあい

11.4 次世代シーケンス世代の枯草菌ゲノム解読

だでいくつかの間違いがあることが知られていた.2008年,A. Srivatsanらが次世代シーケンサーを使って1519か所の差異を報告した[10].2009年にV. Barbeらによってリシーケンスされ,情報基盤は整備された[11].この確立されたリファレンス配列を基に,1990年当時に日本の各研究室へ分譲された168株が,保存中にどのような変異を蓄積したのかについて解析することにした.微生物研究の場合,同じ名前の株を分譲されたにもかかわらず,研究室間で異なる表現型を示す"野生株"が報告されるなど,保存中に異なる変異が蓄積していることはいわば暗黙の了解事項であったが,次世代シーケンス時代においてこうした遺伝的背景を克服できるのではないかというのが発想の原点である.

わが国の枯草菌ゲノムコンソーシアムに参加した9研究室から,BGSC(*Bacillus* Genetic Stock Center, Ohio USA)譲渡株を含む計11の168株を取り寄せてリシーケンス解析を行った(図11-3)[12].枯草菌168株の元株として,当初フランスINRA研究所から奈良先端科学技術大学院大学の小笠原研究室が取り寄せた168株(168-A)を基準とし各大学に配布した.

図11-3の168-A〜Fがこれにあたり,リファレンスとして行ったBGSC株と明らかに異なる変異パターンを示すことがわかった.まず,168-A株とリファレンスとの違いが14か所あり,これらすべてはサンガー法によって確認した.したがって,当初の分譲時から存在していた

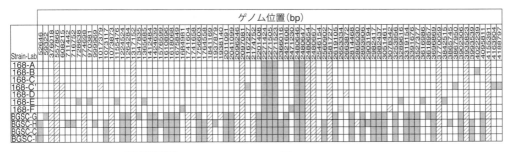

図11-3 リファレンス配列[10]と異なる配列の位置

各模様の示す変異は次の通り.灰色:SNPs.斜線:Indels.横線:大規模欠失.各株の分譲元は次の通り.A:奈良先端科学技術大学院大学(小笠原直毅),B:神戸大学(吉田健一),C, C':埼玉大学(朝井 計),D:法政大学(佐藤 勉),E:東海大学(小倉光雄),F:東京農業大学(吉川博文),G:信州大学(関口順一),H:筑波大学(山根國男),I:慶応義塾大学(板谷光泰)(文献12から転載).

11章 ゲノム合成生物学での次世代シーケンス

株間の違い,あるいはリファレンス配列の読み間違いのどちらかであることを示している.日本で再分配された株間の違いは0〜7塩基であり,この数値は大腸菌[13]やラン藻[14]で行われた同種の解析と比較しても同程度である.すなわち,この程度の変異は通常の保存条件下で起こりうることを示している.注目したいのは,図11-3の168-CとC′である.168-C株は168-A株をストック保存時に同時に保存した株で,研究室異動に伴って持参し,そのまま凍結保存を続けた株であり,それを実験室で継代培養を繰り返したのが168-C′株である.C′株の方にはSNPが4か所,挿入変異が2か所あった.このことは凍結保存の安定性を物語っており,各研究室における"野生型"の配列を決定し,いわば"My Sequence"をもったうえで,さまざまな解析をすることの重要性を示している.

本研究の過程で,ショートリード型次世代シーケンサーならではの特徴を利用したユニークな解析手法を創出したので紹介する.図11-4は,定常期および対数増殖期の菌体から抽出したゲノムDNAのマッピング結果である.ショートリード型のシーケンスリード数はもとのDNA量に依存するため,対数増殖期のゲノムは明らかに複製起点(ori)領域が終点領域(ter)より2倍ほど多いことが見て取れる.すなわち,対数増

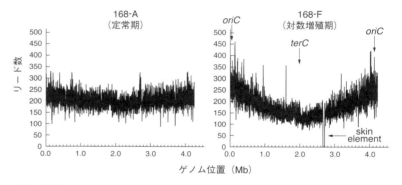

図11-4 定常期および対数増殖期の菌体から抽出したゲノムDNAのマッピング結果

Illumina社「GA-Ⅱ」による各リードをリファレンス配列(横軸)にマッピングした.縦軸は貼り付いたリードの数(リード深度)を表す.168-Aは定常期,168-Fは対数増殖期の菌体から抽出したゲノムの解析結果である(文献12から転載).対数増殖期では複製起点に近いほど,DNA量(リード数)が多くなる.

殖期の菌体からゲノムを抽出して次世代シーケンサーで解析すれば，複製起点を明らかにすることができる．この原理を利用して，これまで不明であったラン藻の複製起点を同定することができた[15]．

11.5 枯草菌近縁種の納豆菌ゲノム解読

　枯草菌 168 株の近縁種を語る際，納豆菌の話題は外せない．多くの日本人にとって納豆は健康食品である．元来納豆は大豆の煮豆を稲藁(いなわら)に生息していた天然納豆菌の働きでつくる苞(つと)納豆という自然まかせの発酵食品であった．現代では納豆菌を煮大豆にふりかけるだけの簡便な操作で納豆が作製できる[16]．

　枯草菌 168 株は解読プロジェクト開始までに詳細な遺伝地図が作成されており，さらに筆者が 1991 年に報告した正確なゲノム物理地図も解読作業に貢献している．物理地図の改訂版を図 11-2 に示す．枯草菌 168 株という標準株を対象とした第 1 世代のゲノム解読では，遺伝地図→物理地図→塩基配列決定の時間軸で達成されゲノム科学幕開けの時代を先取りする快挙であった．

　一方で，当時納豆菌には誰もが認める標準株がなかった．第一世代のゲノム解読費用は莫大であり，配列解析，データベースへの配列情報の登録もエキスパートが必要であり，すべての作業を 1 研究室で行うには荷が重かった．それでも 4 種類の納豆菌ゲノムの物理地図を完成させるに至った[17]．2008 年頃，筆者らは納豆菌株の一つに絞り次世代シーケンスによるゲノム解読を行う機会を得た[18]．しかし，次世代シーケンスでも実験的に得られた配列データだけで，一つにつながった完全なゲノムに至るのは困難であった．図 11-5 に示すように，納豆菌株の物理地図情報も加味しながら，枯草菌 168 株の完全配列を参照し，完成度の高い納豆菌ゲノム全体像が判明した．納豆菌ゲノムは繰り返し配列が非常に多く，枯草菌 168 株で参照できなかったところも含めて一部未解読で残されている[18]．

　納豆菌ゲノムは環状ゲノムで，ゲノムサイズと遺伝子の総数はほぼ枯草菌 168 株と同じ．リボソーム遺伝子の配列も 100% 一致しており，両

11章 ゲノム合成生物学での次世代シーケンス

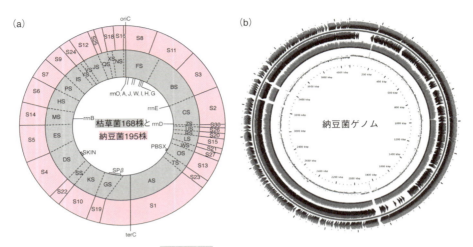

図 11-5 納豆菌のゲノム解読

(a) 納豆菌ゲノム制限酵素 SfiI の物理地図．内円は枯草菌 168 株，外円は納豆菌 195 株．(b) 次世代シーケンスによる納豆菌株の解読結果[18, 19]．切れ目のない物理地図は，次世代シーケンスのデータを正確に編集するためには現在でも重要である．

株は同種とされてきた．また，遺伝子のアミノ酸配列の相同性 80％以上で検索すると，納豆菌の 4375 個の遺伝子のうち，3694 個（84.4％）が枯草菌 168 株の遺伝子と対応がついた．一方，枯草菌 168 株の 4176 個の遺伝子のうち，3606 個（86.4％）が納豆菌にも見つかるので，互いに 80％以上の遺伝子を共有していることが判明した[18, 19]．しかし，納豆菌固有の遺伝子が 20％近くあること，また IS（insertion sequence，挿入配列）をまったく保持しない枯草菌 168 株に対して，納豆菌には IS が 10 種程度あり，現在でも活性をもつことは興味深い点である[19]．最近報告された複数の納豆菌ゲノム解読も含めて[20, 21]，今後の日本由来の納豆菌研究に期待がもたれる．

11.6 おわりに

ゲノム合成技術は 21 世紀になってブレイクした技術であるので，塩基配列決定技術とは対照的にまだ研究例が非常に限られている．10 年前には夢だったゲノムを丸ごと合成することはさまざまな分野でパラダ

イムシフトを引き起こしている[1,2]．既存の生命システム解明から新規な生命システム設計・構築への合成生物学的な研究のなかで，生のDNA分子としての合成ゲノムの汎用的な操作法とその広汎な普及は欠かせない．しかしながらゲノム合成技術は，汎用性，迅速性，コストの面で克服しなければならない課題が山積している．

塩基配列決定とは異なり，ゲノム合成は現在では特定のグループだけがノウハウをもっており，エキスパートでも膨大な時間とコストがかかる．たとえば，ラン藻ゲノムの完全クローニングには膨大な試行錯誤の連続で足かけ8年に近い時間を要した[1,2,4]．丸ごとクローニングした前例は全くなかったので，筆者らが技術開発と実施を同時進行で進めざるを得なかったこともあるが，現在再現しようとしてもやはり3年程度はかかる．また，酵母でのマイコプラズマ合成にもおよそ半年はかかるといわれている．

現時点でのゲノム合成にかかる時間とコストを大腸菌K-12株ゲノムの完全合成に当てはめると，大腸菌ゲノム（4650 kbp）の完全合成には約3年と3億円近くかかる．しかも重要な遺伝子には1塩基の間違いも許されないとなると次世代シーケンスによる絶え間のないチェックが欠かせない．筆者らは図11-1に示すような枯草菌168株を宿主としたゲノム合成の時間短縮，コスト削減を目指しているが，ゲノム合成自体が生命倫理の議論に関わり続けることで[1,2]，合成対象ゲノムの種類が限定されてしまう制約も考慮しなければならない．新規ゲノム合成には時間がかかっても，配列確認は次世代シーケンスの適用により現在では週の単位で終了し，配列チェックと機能解析との関連づけは低コストで行えることは間違いない．今後のゲノム合成の迅速化に期待する．

◇文　献◇

1) 板谷光泰，"シリーズ現代生物科学入門9，"浅島誠・他編，岩波書店（2010），p. 35.
2) 板谷光泰，"生命システム工学—進化分子工学から進化生命工学へ，"田口精一編，化学同人（2012），p. 131.
3) S. Kaneko, M. Itaya, "Bacterial Artificial Chromosomes," P. Chatterjee ed., InTech open（2011），p.119.
4) M. Itaya et al., *Proc. Natl. Acad. Sci. USA*, **102**, 15971（2005）．
5) M. Itaya et al., *Nat. methods*, **5**, 41

(2008).
6) D. Gibson et al., *Science*, **319**, 1215(2008).
7) D. Gibson et al., *Science*, **329**, 52 (2010).
8) S. Watanabe et al., *J. Bacteriol.*, **194**, 7007(2012).
9) F. Kunst et al., *Nature*, **390**, 249 (1997).
10) A. Srivatsan et al., *PLoS Genet.*, **4**, e1000139(2008).
11) V. Barbe et al., *Microbiology*, **155**, 1758(2009).
12) Y. Shiwa et al., *Biosci. Biotechnol. Biochem.*, **77**, 2073(2013).
13) E. Soupene et al., *J. Bacteriol.*, **185**, 5611(2003).
14) Y. Kanesaki et al., *DNA Res.*, **19**, 67(2012).
15) S. Watanabe et al., *Mol Microbiol.*, **83**, 856(2012).
16) 永井利郎編, "納豆の研究法", 恒星社厚生閣(2010).
17) Q. Dongru et al., *Appl. Environ. Microbiol.*, **70**, 6247(2004).
18) Y. Nishito et al., *BMC Genomics*, **11**, 243(2010).
19) 板谷光泰, "発酵, 醸造食品の最新技術と機能性 II," シーエムシー出版(2011), p.111.
20) K. Takahashi et al. *Micribiology*, **153**, 2553(2007).
21) Y. Kubo, *Appl. Environ. Microbiol.*, **77**, 6463(2011).

板谷　光泰（いたや　みつひろ）
1953年岡山県生まれ．1983年東京大学大学院理学系研究科博士課程修了．理学博士．現在，慶應義塾大学先端生命科学研究所教授．おもな研究テーマは「合成生物学」．

吉川　博文（よしかわ　ひろふみ）
1951年三重県生まれ．1983年東京大学大学院農学系研究科博士課程修了．農学博士．現在，東京農業大学応用生物科学部教授．おもな研究テーマは「微生物分子遺伝学」．

PART 2 次世代シーケンサーの利用例

12章 イネなどの作物ゲノム研究および育種技術の向上

菊池　尚志

NGS（次世代シーケンサー）で何が変わった？

導入前 before
- 時間とコストがかかるため，複数品種のゲノム解読は困難だった
- 従来のシーケンサーには，巨大なゲノムを解読できるほどの処理能力はない
- 高度なリファレンスゲノムの活用方法が限られていた

導入後 after
- 高いスループット（処理能力）により，園芸品種やコムギなどの**きわめてサイズの大きいゲノム**も解読できるようになった
- 一度に多検体のSNPや挿入・欠失を調べることで，**QTL解析が高速化**した
- RNA-seq法により，従来の方法（マイクロアレイやSAGE法など）では見逃されていた**新たな転写単位が大量に発見**された

12章　イネなどの作物ゲノム研究および育種技術の向上

12.1　イネのゲノム情報の進化

われわれ日本人にとって米は主食であり，稲作は日本の文化である．世界的な米の総生産量は4億5600万トン（2011年12月）であり，トウモロコシ（8億7200万トン），コムギ（6億6200万トン）と並んで世界の三大穀物の一つである[1]．またイネは生物学，農学的視点からみると，ゲノムサイズが小さいこと（トウモロコシの1/6，コムギの1/40），遺伝子導入技術が確立していることから，シロイヌナズナと並んで高等植物のモデル生物として位置づけられてきた．本章においてはイネにおいてどのようにゲノム解読が進められたか，さらに遺伝子に関する情報がどういったかたちで整備され，いわゆるゲノムリソースが蓄積したか，そしてそれらをもとにして次世代シーケンサー技術の導入により，イネゲノムの情報がどう進化したかについて解説する．

12.2　イネゲノムのプラットフォームの構築

1997年，わが国をはじめ12か国の協力のもと，イネゲノムの全塩基配列を解読するための国際コンソーシアム（International Rice Genome Sequencing Project）が結成され，イネゲノムプロジェクトが開始された．2004年12月に高等植物ではシロイヌナズナに続いて二番目に，ジャポニカ種の一種である「日本晴」の高精度のゲノム配列解析が完了した．ゲノムサイズは完全解読終了時点で390 Mbと推定され，データ精度は99.99％であった[2,3]．

ゲノム上に座乗する遺伝子を同定するためにはイネの各種器官，組織において転写されるmRNAのコピーを完全なかたちで収集するのが最良の方法であり，ゲノム配列解読プロジェクトと同時期に完全長cDNAクローン収集プロジェクトも進行した．2003年7月時点で，約28,000，最終的に38,000の完全長cDNAクローンが収集され，その全塩基配列も決定された[4,5]．ゲノム配列上でタンパク質コード遺伝子領域をコンピュータにより予測し，さらに完全長cDNAクローンの塩基配列をマッピングした．これにより転写開始，終結の位置，エクソン，イントロン

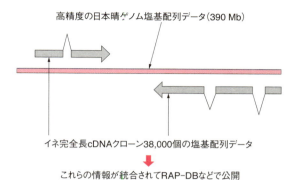

図12-1 イネゲノムプラットフォームの構築

2004年12月に階層ショットガン方式でイネ（品種：日本晴）の精密塩基配列が決定・公開され，そのゲノムサイズは約390 Mbであった．同時並行で進められたイネ完全長cDNAプロジェクトにおいて，実生，胚，花などの組織から38,000個の完全長cDNAクローンが収集され，その塩基配列も決定・公開された．それらのデータを統合し，イネの遺伝子のアノテーション情報をまとめたRAP-DBも公開され，イネのゲノムプラットフォームデータが整備された．

の関係を決めることでイネの遺伝子アノテーションデータベース（RAP-DB）が完成した．タンパク質をコードする遺伝子の総数は約32,000と推定された[6]．これらのゲノム関連プロジェクトにおいてはサンガー法を基本にした従来のシーケンス技術を利用して塩基配列決定が行われた．

一方，イネには後述のようにジャポニカ種以外にインディカ種も存在し，その代表として中国のハイブリッドライス品種の親株といわれる93-11系統のホールショットガン法によるゲノム配列が2002年4月に発表されていた[7]．ジャポニカ種の日本晴で構築されたイネの塩基配列や遺伝子アノテーション情報と93-11系統で解読されたインディカイネのゲノム配列情報が，その後の次世代シーケンス技術におけるリファレンス配列情報として役立って行くことになる（図12-1）．

12.3　次世代シーケンサーの登場

次世代シーケンサーが市場に登場したのは2005年といわれる．当初

は全ゲノム解析，部分的な比較配列解析，DNAメチル化のようなエピジェネティック（後成遺伝学的）解析，転写因子の結合部位解析，ノンコーディングRNAの発現プロファイル解析に向くと考えられていた[8]．イネのように高精度なリファレンスゲノム配列が決定されており，全ゲノムに渡る遺伝子の座乗部位が明らかな植物種の場合，その適用範囲はきわめて広いと考えられる．

本章では，次世代シーケンサーの登場から今日まで，イネやその他の作物において次世代シーケンス技術がどのように利用され，どういった成果が出されたかを概説する．

12.4 ゲノムリシーケンスとゲノムワイド関連解析

12.4.1 イネゲノム解読

日本人にとって米の代表的品種といえば「コシヒカリ」，「ササニシキ」，「ひとめぼれ」，「あきたこまち」などが思い浮かぶ．しかし，最初にゲノム配列が決定されたのは「日本晴」で，あまり聞き覚えのない品種のはずである．コシヒカリは育成から50年以上が経過した品種ではあり，30年以上に渡って日本一の栽培面積と生産量を維持している．その祖先は「銀坊主」，「朝日」，「愛国」，「亀ノ尾」といった日本のイネのルーツとされる在来品種に遡る．そこで次世代シーケンス技術を用いてコシヒカリゲノムを解読し，日本晴ゲノムとの違いがどの程度なのか解析が試みられた．

32 baseリードの「Solexa Genome Analyzer」を用いて日本晴ゲノムの15.7倍に相当する約5.9 Gbpが解読された．得られたデータを日本晴ゲノム配列と照合した結果，全ゲノムの80％にあたる360 Mbpのコシヒカリゲノムが決定され，残り20％は繰り返し配列や遺伝子の重複・欠失など，染色体構造が日本晴ゲノムと大きく異なる領域であった．さらに，両ゲノムの間には67,051個の一塩基多型（single nucleotide polymorphism:SNP）が見いだされた．これらのうち，3352個は機能を有する1077個の遺伝子上に見いだされ，品種間での特性の違いに関与している可能性が示唆された．67,051個のSNP情報からゲノム上に均一

12.4 ゲノムリシーケンスとゲノムワイド関連解析

に分散した1917個が選ばれ，SNPタイピングアレイも作成された．品種改良の歴史において重要と思われる151品種について，このアレイを用いて調査し，在来品種からコシヒカリが受け継いだゲノム領域の一部が明らかにされた[9]．この研究からSNPがイネ品種間の遺伝解析におけるDNAマーカーとして利用できること，さらに植物品種保護やトレーサビリティの高度化に貢献できる可能性が示された(図12-2)．

イネの育種目標は，多収性，食味の向上，病害(いもち病やイネウイルスなど)抵抗性，環境ストレス(低温や高温，干ばつ，浸水など)抵抗性，虫害抵抗性など非常に多岐に渡っている．このような形質に関連する遺

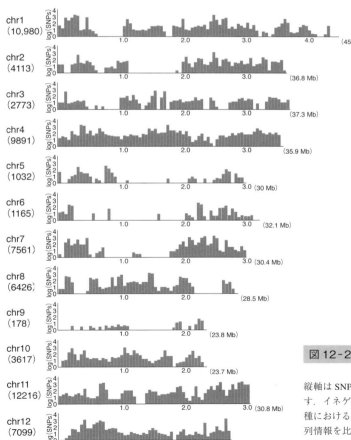

図12-2 日本晴とコシヒカリのゲノム間におけるSNP分布

縦軸はSNPの頻度，横軸は各染色体におけるSNPの位置を表す．イネゲノム塩基配列情報をリファレンスとして，多くの品種におけるイネゲノム配列データが蓄積されている．また，配列情報を比較することでSNPマーカー情報が蓄積され(文献9を参照)，品種判別などが可能となった．

伝子は，栽培化された品種よりはむしろ野生種が保持していると考えられる．これらの形質の多くは複数の遺伝子の効果の組合せによって決定されている量的形質である．量的形質を決定している遺伝子座を QTL（量的形質遺伝子座，quantitative trait locus）といい，これまでは RFLP（restriction fragment length polymorphism）マーカーや SSR（single sequence repeat）マーカーなどの DNA マーカーを用いて交雑実験を繰り返しながら，さまざまな形質を決定する QTL が同定されてきた．

次世代シーケンス技術を用いることで一度に多検体の SNP，挿入・欠失（indels）を調べることが可能となり，QTL 解析がゲノムワイド，ハイスループットに進化したものがゲノムワイド関連（genome-wide association）解析である．オーストラリアのグループによるインディカ種イネ6品種間（3種の細胞質雄性不稔系統と3種の稔性回復系統）の比較の結果，2,819,086 個（SNPs：2,495,052 個，挿入：160,478 個，欠失：163,556 個）であった．**雑種強勢**（ヘテロシス）は今日のゲノミクス時代においてもまだ実態が解明されていない遺伝学の大きなテーマであり，この研究で得られた SNP 情報と雑種における DNA の SNP を丹念に調べることでヘテロシスの分子機構が解明されるかもしれない [10]．

12.4.2　イネの起源と栽培化

また，次世代シーケンス技術を用いたイネの大規模シーケンスは，イネの栽培化に関するこれまでの論争の解決にも貢献している．イネの栽培化は人類の歴史において，最も重要な進歩の一つと考えられている．しかし，その起源地や栽培化のプロセスについては長いあいだ論争が続いていた．そこで世界各地から収集した栽培イネ（*Oryza sativa*）1083 品種と，その起源種とされる野生イネ *O. rufipogon* 446 系統のゲノムの解読がなされ，包括的なゲノム変異マップが作成された．

遺伝的な変異パターンに基づき，栽培化の過程で強い人為選択による多様性の消失の起こった 55 か所のゲノム領域が検出された．これらの領域には，脱粒性，草型，粒幅など，栽培化にかかわる重要な遺伝子が存在することが明らかとなった．さらに，全ゲノムに渡る精密な解析から，イネの栽培化は中国の珠江中流域ではじまり，*O. rufipogon* の限ら

雑種強勢
雑種第1代がその生産性，耐性などの生活力で，両親のいずれの系統よりも優れる現象．トウモロコシ，カイコ，ニワトリなどで昔から知られており，実際に育種に利用されてきた．

れた集団からジャポニカ(*O. sativa japonica*)が生まれ，東南アジアや南アジアの野生イネ系統とジャポニカとの交配によりインディカ(*O. sativa indica*)の生まれたことが判明した[11]．

以上のように，次世代シーケンサーが登場する前にイネにおいてはリファレンスゲノム情報が整備されており，それをもとにしたいろいろな

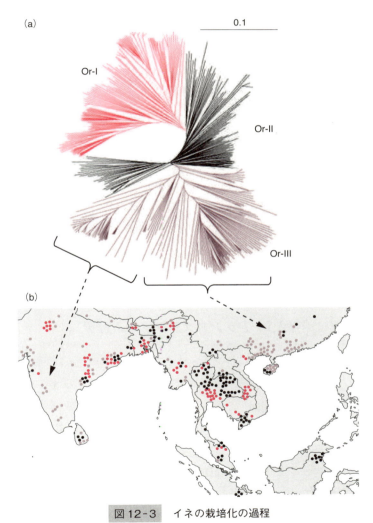

図12-3　イネの栽培化の過程
(a) 446系統の *O. rufipogon* のゲノムデータから系統樹を作成するとOr-Ⅰ(赤)，Or-Ⅱ(黒)，Or-Ⅲ(灰)の三つのグループに分けられる．(b) Or-Ⅲの二つの系統群の起源を地図上に示す(文献11を参照)．

品種におけるリシーケンスがなされ，これまでの品種改良で染色体上のどの領域が受け継がれてきたかが明らかにされた．さらに，アジアに限らずアフリカなどのイネゲノムの配列を解読することで，イネの栽培化の歴史まで明らかにすることも可能になった．リファレンスゲノムと新しいシーケンス技術が合わさることで，情報量が爆発的に拡大し，それが新たな知見や技術革新に結びついていることが如実に示されている（図12-3）．

一方，次世代シーケンサー技術を駆使して，イネの40倍のゲノムサイズをもつといわれるパンコムギゲノムプロジェクトが国際協力体制のもと開始され，日本は国際コンソーシアムの一員として6B染色体を担当している．コムギは六倍体ゲノムで，7対の染色体が3種類（A, B, D）存在し，21種類の染色体からなることが知られている．6B染色体はイネ全ゲノムの約2倍の914 Mbといわれている．開始から数年で概要塩基配列の決定は終了しており[12, 13]，2016年には全ゲノム配列の解読が完了すると想定されている．このことを見て次世代シーケンス技術が未知の塩基配列決定に対してもいかに有効であるかがわかる．すでに3B染色体は完全に終了しており，各染色体の塩基配列の決定状況はwebサイトで公開されている[14]．

12.5 トランスクリプトーム解析

ほかの生物同様，イネにおいてもハイブリダイゼーション実験をベースとしたマイクロアレイ法，転写物にタグを付けて数えるSAGE (serial analysis of gene expression) 法[14]，ビーズ玉に結合した配列を解析する**MPSS (massively parallel signature sequencing) 法**[15]により，トランスクリプトームデータが蓄積してきた．とくにマイクロアレイに関しては，ESTクローンを固定したcDNAアレイ，完全長cDNAクローンの配列を利用した60 mer（塩基）などのオリゴアレイ，ゲノム配列をそのまま利用したゲノムタイリングアレイなどが構築されてきており，組織特異的遺伝子発現や種々の環境ストレスに応答した遺伝子発現の網羅的データが蓄積している[5, 16, 22]．

MPSS法
解析対象となるmRNAをcDNAにして，その断片を個々にマイクロビーズ上に固定化し，ビーズの集団をまとめて解析することで，そのmRNAの発現頻度を推定することができる．

12.5 トランスクリプトーム解析

2010年,中国のグループが次世代シーケンサーによるRNA-seq技術をイネに適用して,これまでのイネの遺伝子モデルやトランスクリプトームデータを書き換える結果をだした[23].その詳細を以下に示す.

RNA-seq法により,イネゲノム上に遺伝子モデルとして示されていた領域以外の転写単位(nTARs)が15,708か所,新規に見いだされた.そのうちの51.7%が公開されているタンパク質の配列とは相同性をもたず,63%以上が単一エクソンからなる転写物であり,タンパク質コードの可能性が低いことが示された.全遺伝子の48.7%が選択的スプライシングの可能性を示し,従来予想されてきた数より多いことを示した.遺伝子モデルとして示されているうちの83.1%に相当する46,472個の遺伝子がRNA-seq法により発現していることが示され,6228個は少なくとも50塩基分上流もしくは下流に延長されるべきであるというデータであった.今後,RNA-seq法によって見いだされた新たな転写領域をきちんと照合させる作業も必要となり,それらが生物学的にどういった意味をもっているのかが重要な研究対象となると思われる.

RNA-seq技術は従来のトランスクリプトームデータの書換えに留まらず,新しい可能性を提示している.それはASGE(allele-specific gene expression)という方法で,前述のヘテロシスの分子機構の解明にも役立つと思われる方法論である.2013年に中国のグループが発表したハイブリッドライスにおける両親(R9308系統とXieqingzao B)間のSNPを基準にF1雑種における転写物の偏りを調べることで,ヘテロシスの原因遺伝子を探ろうという試みである[24].イネの分げつ期や出穂の時期など,ヘテロシス効果がみられる時期における遺伝子発現で,F1雑種における遺伝子発現の偏りを調べることでヘテロシスと関係があると思われる遺伝子がかなり絞り込まれている.

まだゲノム塩基配列が決定されていないコムギにおいても,RNA-seq技術を駆使することでストレス応答,とくにリン酸欠乏において誘導される遺伝子がほかの生物種で見いだされてきたものと共通性が高いという報告もある[25].

12.6 次世代シーケンス技術を使いこなすために

次世代シーケンス技術の登場と発展によって，従来に比べて塩基配列データを産生することが著しく進歩したのは見てきたとおりである．次世代シーケンス技術の登場とその導入によって植物，作物ゲノム生物学の分野もデータの産生量が飛躍的に増大したことは間違いない．問題は得られた膨大な量のデータからどういった生物学的意義を見いだすかであり，それをいかに社会に役立てるかである．ここにはそれに携わる研究者のセンスが大きく関わってくるのは以前と変わりない．

次世代シーケンス技術の導入においてとくに重要なことは，**バイオインフォマティクス**との関連であり，次世代シーケンサーによって産生される膨大な量のデータを迅速かつ高精度に解析するためのツールの整備もまた重要である．そのため，作物分野のゲノムデータを集積し，解析のためのパイプラインを装備したツールがすでに構築されている．一つがこれまでの農畜産関係のゲノムプロジェクトで構築されたデータベースを統合した SOGO データベース [26] であり，もう一つはそれらのデータを余すところなく解析できるツールである NIAS Galaxy [27] である．

SOGO データベースは，1991 年から開始されたイネゲノムなどの農畜産物のゲノム解析研究で蓄積してきた遺伝子連鎖地図，クローンの物理地図，全ゲノム塩基配列解読によるゲノムワイドの遺伝子のアノテーションデータベースなど，数多くのデータベースのデータをもち合わせている．次世代シーケンサーから得られる大量の塩基配列データを保存・解析できる新たなシステムの構築の一環として，システム側にデータを保存するいわゆるクラウド型のデータベースシステムである．これは，さまざまな形態のデータに柔軟に対応できるシステムを目指しており，ユーザごとのファイルの登録・管理，登録されたファイルの共有・公開範囲の設定，ユーザごとのスケジュール管理・共有が行えるようになっている．

一方，NIAS Galaxy はゲノムなどのデータに対してさまざまな解析を行うことができる web ベースのアプリケーションであり，アライメントや DNA マーカー作成などの解析用パイプラインを搭載し，BLAST

バイオインフォマティクス
コンピュータによる解析技術を利用して大量のゲノムデータなどを処理し，そこから生命現象を理解しようとする情報解析技術．

やマッピングツールにこれまで明らかにされているゲノムデータも組み込まれている．今後，わが国のゲノム研究者が使いやすいように一層進化させて行くだろう．

12.7 おわりに

　従来，核酸の塩基配列やタンパク質のアミノ酸配列の決定は端から一つずつ構成因子を切り離して，それぞれのもっている化学的特徴の違いを見分けることによって，何がでてくるかを順番に見分ける方法が主流だった．その方法の限界は反応の同期性の限界であった．次に登場した画期的な方法は鎖に傷を入れるか，人工合成させる際に反応停止物を挿入し，ランダムな長さの鎖の集団を作成したうえで得られた産物を電気泳動で分離し，鎖の長さの違いから読み分ける方法だった．しかし，1980年代にはtRNAのような100塩基に満たない構造物の決定はできても，真核生物などの膨大なゲノムの配列を決めることは不可能と考えられていた．それが，コンピュータの発達とシーケンスセンターの整備により，1990年代初頭から2000年代初頭にはバクテリアからヒトのゲノムまで，完全解読がなされるようになった．

　イネに目をやると，1991年にイネゲノムプロジェクトの第Ⅰ期が開始され，イネの高精度遺伝地図，物理地図の作成，RFLPマーカーの構築，ESTクローン大量収集がなされた．これらのデータの蓄積を踏み台にして，1997年には全塩基配列の解明プロジェクトが立ちあげられ，2004年終わりには高精度な塩基配列情報が提示された．20世紀末から21世紀初頭にかけての世界的なゲノム解析の時代に合わせて，イネのゲノムプロジェクトが進められた．その後の10年間，次世代シーケンサー技術は従来のシーケンスセンターでなくとも，個々のラボの単位で大量の塩基配列データを得ることを可能にした．

　リファレンスゲノムをベースに，いろいろな品種のゲノムを読む横の方向のゲノムデータの充実や品種間差異の検出といった方向への発展のみならず，より大きなゲノムへの挑戦もなされ，ついにかつては膨大すぎて不可能と考えられてきたコムギのゲノムさえ読める時代になった．

12章 イネなどの作物ゲノム研究および育種技術の向上

一方で,ゲノムに限らず,トランスクリプトームの世界にも次世代シーケンス技術は導入され,従来のプロジェクトでは見いだされなかった転写領域の存在も発見され,新たな研究対象となってきている.

このように次世代シーケンサー技術の導入で,塩基配列データ産生量は近年飛躍的増大を示している.問題は,これらのデータをいかに有効に利用できるかである.研究においても産業利用においても重要なことは,一次データから意味をきちんと見いだせるか,それを新たな技術開発に結びつけられるかである.そのためには,膨大な量のデータを分かりやすく,検索しやすく収納したデータベースの構築やデータを思いどおり使いこなすツールの開発が重要となってくる.

また,次世代シーケンス技術を使う研究者,あるいは関連の技術系の人がゲノムデータを抵抗感なく使える状態にあることも今後重要となってくる.図12-4はとくに作物ゲノムの分野で老舗ともいえるGramene database[28]のポータルページである.ここに示されている項目すべてに

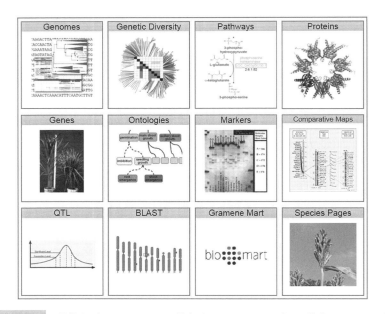

図12-4 穀物などにおけるゲノム情報をベースとしたデータ統合サイトの一例

Gramene databaseでは,これらのような研究者向けのサービスを提供している.穀物などにおけるゲノム情報の蓄積により,従来の遺伝学からゲノミクス,さらには産業への利用へとゲノムをベースとした情報の統合と活用が重要となってきている.

12.7 おわりに

次世代シーケンサー技術が貢献しているわけはないが，今後これらの項目の多くに次世代シーケンサーから産生されたデータが蓄積していくことは間違いない．

◇文　献◇

1) http://www.nocs.cc/study/geo/
2) http://www.s.affrc.go.jp/docs/kankoubutu/ine_genome/ine_genome.htm
3) International Rice Genome Sequencing Project, *Nature*, **436**, 793 (2005).
4) Rice Full-Length cDNA Consortium, *Science*, **301**, 376 (2003).
5) K. Satoh et al., *PLoS One*, **2**, e1235 (2007).
6) Rice Annotation Project, *Genome Res.*, **17**, 175 (2007).
7) S. A. Goff et al., *Science*, **296**, 92 (2002).
8) O. Morozova and M. A. Marra, *Genomics*, **92**, 255 (2008).
9) T. Yamamoto et al., *BMC Genomics*, **11**, 267 (2010).
10) G. K. Subbaiyan et al., *Plant Biotech. J.*, **10**, 623 (2012).
11) X. Huang et al., *Nature*, **490**, 497 (2012).
12) The International Wheat Genome Sequencing Consortium (IWGSC), *Science*, **345**, 286 (2014).
13) V. E. Velculescu et al., *Science*, **270**, 484 (1995).
14) T. Tanaka et al., *DNA Res.*, **21**, 103 (2013).
15) S. Brenner et al., *Nat. Biotechnol.*, **18**, 630 (2000).
16) Y. Jiao et al., *Plant Cell*, **17**, 1641 (2005).
17) L. Ma et al., *Genome Res.*, **15**, 1274 (2005).
18) I. Furutani et al., *Plant J.*, **46**, 503 (2006).
19) L. Li et al., *Nat. Genet.*, **38**, 124 (2006).
20) M. Li et al., *Plant Physiol.*, **144**, 1797 (2007).
21) H. Y. Zhang et al., *Mol. Plant*, **1**, 720 (2008).
22) L. Wang et al., *Plant J.*, **61**, 752 (2010).
23) T. Lu et al., *Genome Res.*, **20**, 1238 (2010).
24) R. Zhai et al., *PLoS One*, **8**, e60668 (2013).
25) Y. Oono et al., *BMC Genomics*, **14**, 77 (2013).
26) https://sogo.dna.affrc.go.jp/cgi-bin/sogo.cgi
27) https://galaxy.dna.affrc.go.jp/root
28) http://www.gramene.org/

菊池　尚志（きくち　しょうし）
1956年山口県生まれ．1983年東京大学大学院理学系研究科博士課程修了．理学博士．現在，農業生物資源研究所上級研究員．おもな研究テーマは「イネのゲノミクス」．

PART 3

次世代シーケンサーがもたらす新時代

～トップランナーが語るこれからのバイオサイエンス～

今後，さまざまな分野で次世代シーケンサーの利用が広まることは間違いない．ゲノム情報を容易に手にできるようになることで，バイオサイエンスはどのように変わっていくのだろうか．各分野のトップランナー達に，次世代シーケンサーによってもたらされる変化を大胆に予想していただいた．

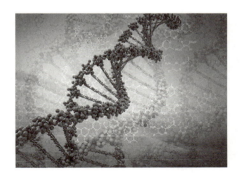

PART 3 次世代シーケンサーがもたらす新時代

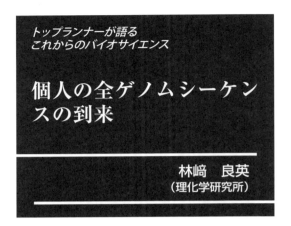

トップランナーが語る
これからのバイオサイエンス

個人の全ゲノムシーケンスの到来

林﨑　良英
（理化学研究所）

2013年11月，私はある行政官に会うため，スコットランドとノルウェーの間の北大西洋に浮かぶデンマーク領のフェロー諸島を訪ねた．その島で彼は，行政政策「FarGenプロジェクト」の一環として全島民5万人の全ゲノムシーケンスを施行している．そのプロジェクトは，全ゲノムシーケンス情報と個人の臨床情報（カルテ情報）とを組み合わせ，治療，費用対効果，および予防医療に重点をおいた最適な個別のヘルスケアの基盤を提供することを目的とし，国民の健康に還元するための独自のシステムづくりを目指している．

ここ数年の日本国内における全ゲノム解析は，次世代シーケンサーの飛躍的な発達とその普及によって，2010年には一人の全ゲノムシーケンス検査が50万円程度で可能となり，ゲノム上の60万〜120万か所の変異を調べるGWAS（Genome-wide association study，全ゲノム関連解析）から，全ゲノムシーケンスに基づく解析へとシフトしてきている．今後はさらに参入する検査企業も増え，コストも下がるであろう．気軽に個人で全ゲノムシーケンス検査を受けて，自分の体質や，疾患リスクについて知ることのできる時代は，すぐ近くまできているのかもしれない．すでに，アメリカのゲノム産業は市場を拡大しており，将来，日本国内でも全ゲノムシーケンス検査がビジネスとして拡大していく可能性は高いと思われる．

その一方で，ゲノム情報は究極の個人情報であるため，その取り扱いは慎重になるべきである．法的な整備や，正確な情報を得られる遺伝カウンセリング制度も，まだ十分に整っているとはいえない．現状では，簡易的遺伝子チェックサービスが徐々に広がりをみせており，「遺伝子検査」に関わる情報が氾濫し，ゲノム情報について偏ったイメージをもつ危険性もある．次世代シーケンサーの普及が今後さらに加速していくなかで，個人のゲノム情報を，安全かつ有効に個人の健康や医療に還元するためには，研究者のみならず，国民一人ひとりが「自分のゲノム情報」と向き合う意識をもつことが必要であり，次世代シーケンサーを活用する分野にいるわれわれが，正しい情報を発信し続けることが重要であるだろう．

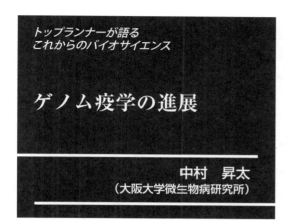

トップランナーが語る
これからのバイオサイエンス

ゲノム疫学の進展

中村　昇太
（大阪大学微生物病研究所）

　次世代シーケンサーの登場はゲノム解析の民主革命とも表現され，一部の研究機関のみが可能であったゲノム解析という手段を，一般研究者の手にも与えた．その結果，今日ではある微生物のゲノムを解読しても，それだけでは論文発表が難しくなってきている．今後もシーケンシング技術の革新のたびに，こういった一部の機関のみが可能であった手法が，一般の研究者に浸透することが予想される．

　本書で多々紹介されている最先端の研究事例も同様である．たとえば3章では，メタゲノム解析を応用した病原体検出について紹介したが，これも一部の研究機関のみではなく，病院などでも行われていくことは容易に想像できる．そのためにはベッドサイドでも解析が可能なように，次世代シーケンシングの操作やデータ解析をより簡便にしていく必要がある．実際にOxford Nanopore Technologies社では，「MinION」と呼ばれるUSB接続型のスティックメモリに似たポータブル型の次世代シーケンサーが開発されており，近々上市するといわれている．これに限らず，今後もシーケンサーの小型化・簡易化が進むことは間違いない．いつの日か病院において看護師が注射器を使い捨てるように，次世代シーケンサーを使い捨てているのを見ることになるかもしれない．

　さらに想像をたくましくすれば，この革命は研究や医療の現場だけでなく，一般市民の手にも渡るであろう．バングラデシュでの腸内細菌叢解析例を紹介したが，次世代シーケンサーが使い捨てになる時代ともなれば，各家庭のトイレにオプションとして設置が可能になり，腸内の細菌集団の変動を日々追跡し，またそのデータをデータベースに照合して，本日のおすすめの食事情報などが提供されるだろう．

　この数年に起きたシーケンシング技術の革新は，後世に大転換期として記録されるはずである．現時点では，技術の革新に研究者自身や研究環境，社会システム，また計算機環境が追いついていない感がある．生物学の研究室に，かつてこれほどまでに計算機能力が要求されたことが科学史上あったであろうか．次世代シーケンサーの進歩の速さは，すでに計算機のそれを越えており，半導体の集積度が頭打ちとなっている計算機側が問題になりつつある．

　感染症学の分野では，今後感染症の流行のたびに，それを引き起こした微生物のゲノムが登録される「ゲノム疫学」が進むと予想される．もしかすると，ホスト側の感受性要因を調べるために，ヒトゲノムデータも付加されているかもしれない．これからの微生物ゲノムの比較解析は，どのように行われるのだろうか．こうした大量の情報から重要な発見を導きだす手段が生物学の分野でも必須となるだろう．もちろん情報を生みだすための実験系デザインの重要性は変わらないが，この大量情報を道具として当たり前にデザインに組み込む必要がある．次世代シーケンサーを使いこなせるのか，使われるのか，今後も問われ続けることになるだろう．

PART 3 次世代シーケンサーがもたらす新時代

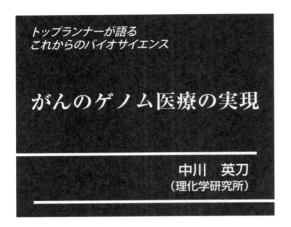

トップランナーが語る
これからのバイオサイエンス

がんのゲノム医療の実現

中川 英刀
(理化学研究所)

がんの本質はゲノムの異常である．今日，すでにがんのゲノムの異常を標的とした治療や個別化医療が臨床の場で行われ，今後も広がっていくことは間違いない．次世代シーケンサーの登場により，個人個人のがんやがん細胞1個1個のゲノム異常を"すべて"検出することが可能になりつつあり，次世代シーケンサーを用いたがんの個別化医療が進められていくと期待される．

次世代シーケンサーを用いたがんの個別化医療を現実なものにしていくには，がんの個体間および腫瘍内のheterogeneity（不均一性，細胞の多様性）の理解と，それに応じた次世代シーケンス解析のシステムが必要である．heterogeneityを克服するのは，多数のサンプルの解析データの取得が重要であり，ビッグデータとなりつつあるがんゲノムデータ〔100万人のWGS（全ゲノムデータ）データ＝100ペタバイト級〕を処理・保存する計算機インフラ，およびその解析を担う人材の確保が緊急の課題である．

また，次世代シーケンサーによってもたらされる"すべて"のゲノム情報を用いた医療を展開していくにあたって，incidental findingや情報セキュリティーなどの倫理面や，多数のバイオマーカーを一度に測定する次世代シーケンス解析を診断とみなせるのかというレギュラトリーサイエンス的な課題もある．

がんゲノムは体細胞変異の研究のみならず，遺伝情報そのものである胚細胞変異や多型情報も，がん発生のリスク診断やがん治療で投与されるさまざまな薬物の代謝や抵抗性を理解するには非常に重要であり，これらの情報を統合させて，がんゲノムの解析と"解釈"を行っていく必要がある．さらには，がん生物学・臨床学にとって重要なもう一つの因子は環境因子であり，ウイルスや細菌感染，腸内メタゲノム，免疫機構（immuno-genomics）といった環境因子的な研究も重要である．それぞれの分野も次世代シーケンサーに出現によって，生物の根源たる情報である"DNA/RNA"配列を網羅的に解析することが可能になってきている．これらの情報をさらに統合させて，システムとして，個人個人のがんを理解していくことが，今後の潮流であることは間違いない．

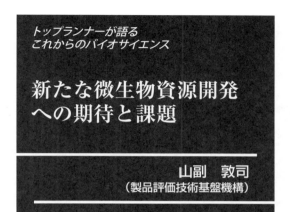

トップランナーが語る
これからのバイオサイエンス

新たな微生物資源開発への期待と課題

山副　敦司
(製品評価技術基盤機構)

　土壌，河川，海洋，大気などの自然環境に生息する数万種類の微生物は，生態系における物質循環(炭素，窒素，リンなど)の重要な機能を担っている〔J. C. Venter et al., *Science*, **304**, 66 (2004)〕．さらに，ヒトをはじめとする動物の腸内環境などにも多種多様な微生物が存在し，宿主である動物の肥満や疾患，ならびに行動の決定にも関与していることが報告されている〔National Research Council (US) Committee on Metagenomics, "Challenges and Functional Applications, The New Science of Metagenomics: Revealing the Secrets of Our Microbial Planet," National Academies Press (2007); V. O. Ezenwa et al., *Science*, **338**, 198 (2012)〕．微生物の約90％以上は難培養性であると考えられていることから，環境中にはわれわれが想像できないような機能をもつ新規微生物が眠っていると考えられる〔J. Handelsman, *Microbiol. Mol. Biol. Rev.*, **68**, 669 (2004)〕．

　近年では，シーケンサー開発と平行して，セルソーターなどを利用し，1細胞由来の試料からゲノムを解析する技術(single-cell genomics)やDNAの人工合成(synthetic biology)に関わる技術開発も著しい〔E. Shapiro et al., *Nat. Rev. Genet.*, **14**, 618 (2013); D. G. Gibson et al., *Science*, **319**, 1215 (2008)〕．したがって，これらの新技術と環境中のメタゲノム情報を組み合わせることは，新たな微生物資源の開発につながり，エネルギー，医療，食品，環境浄化，農業，生態系保全などの幅広い分野における新規産業の創出や社会問題の解決へ貢献することが期待される．

　新たなシーケンス解析装置や技術の開発により，メタゲノム由来の遺伝子配列データは，今後も爆発的に蓄積されていくことが予想される．その一方で，メタゲノムデータのアノテーション解析については，多くの課題が残っている．アノテーション解析は，基本的にどれもデータベースを利用した既知情報との比較や相同性検索を行うものであり，リファレンスとなる菌株の生物学的な情報(属種名，遺伝子配列，病原性，有用機能，生息環境など)の構築が重要である．このためには，メタゲノム解析一辺倒になるだけでなく，未培養である環境微生物を継続的に分離収集するとともに，情報が乏しい分類群の微生物種について積極的にゲノム解析や生理性状分析(炭素源の資化性，好適生育条件など)を実施し，新たなリファレンスとなる菌株情報を整備する必要がある．

トップランナーが語るこれからのバイオサイエンス

植物の環境ストレス適応機構の全貌解明

関 原明
（理化学研究所）

　私が初めて次世代シーケンサーを利用したのは2005年で，454社の次世代シーケンサーを用いてシロイヌナズナ small RNA の大量解析を実施した．その当時，解析できたリード数は100万個程度であったが，当時としては画期的なリード数であった．約10年経った現在，飛躍的なシーケンス技術の進歩によりリード数は格段に増え，また解析にかかるランニングコストも昔とは比較にならないほど安価になってきている．この傾向は今後も続くと予想され，いままで以上により長く・大量の塩基配列データを，より早く・簡単で安価に取得できる時代が到来するだろう．おそらく地球上に存在する代表的な植物種のほとんどの全ゲノム塩基配列が決定されると思われる．そのときには，比較ゲノム解析により植物の進化の解明が期待される．

　私の専門分野である植物の環境ストレス適応においても，いまは日常の実験においてマイクロアレイを用いてトランスクリプトーム解析を進めることが多い．近い将来，次世代シーケンサーを用いて誰もがより早く簡単にトランスクリプトーム解析ができる時代になると思われる．現時点においても非翻訳型RNAやエピジェネティック制御の環境ストレス適応における役割に関して不明な点が多く残ったままであるが，有用作物など種々の植物の統合オミックス解析（ゲノム，トランスクリプトーム，エピゲノム）が現在よりも格段に早く簡単にできるようになり，RNAやエピゲノム制御を含めた植物の環境ストレス適応機構の解明が期待される．

　今後，次世代シーケンサーを用いた解析がますます増えていく事が予想される．その際，われわれは膨大な解析データが本当に正しいかどうか実験で検証しながら研究を進めていく必要性がある事を忘れてはいけない．また，植物科学分野で膨大なデータを迅速に解析できるバイオインフォマティシャンの人材が現在充分とはいえず，人材の育成が植物科学研究の推進に必要である．

トップランナーが語る
これからのバイオサイエンス

全動物門のゲノム解読時代の到来

佐藤　矩行
（沖縄科学技術大学院大学）

ゲノム解読技術とくに *de novo* 塩基配列決定技術の進展は日進月歩である．次世代シーケンサーそのものの開発と改良，それに伴う配列決定法さらには配列アセンブル法など，その技術的進歩はよほどの専門家でないと正確にフォローすることが難しいほどの早さである．それぞれの機種の特徴を生かして，比較的短い配列情報を大量に得ることや，比較的長い配列情報を得ることができる．また，複数の機種の特徴を生かすことによって，より良い *de novo* アセンブリーを得ることもできる．

海産無脊椎動物の *de novo* ゲノム解読の難しさの一つの原因は，そのゲノム内に存在する heterozygosity（母方と父方の双方に由来する塩基配列の違い）である．たとえば，カタユウレイボヤの1個体のゲノムには約1.2％の heterozygosity が存在する（これはヒトゲノムの約10倍である）．したがって，この母方および父方の双方に由来する配列の違いを回避して，納得のいくアセンブルを得るためには，それなりの塩基配列決定のカバレージが必要である．いくつかのケースでは，1個体から得た精子DNA（生殖期に多量に得られる）を利用して，

何とかこの問題をクリアしてきた．しかし，こうした方法をすべての海産無脊椎動物に当てはめることはできない．たとえば，メイオベントスと呼ばれる比較的小型の動物群では困難である．また微細藻類などでも同様のことがいえる．

しかし，*de novo* 塩基配列解析技術の進展はそれらを凌駕する勢いであり，ここでは研究出発材料の量について少し述べてみたい．これまでは，ゲノムサイズが400 Mb 程度の一般的な海産無脊椎動物の *de novo* ゲノム塩基配列の解析には，ショットガン法による配列決定に10〜20 μg ほど，メイトペア法で50〜200 μg 程度の高純度精製DNAが必要であった．しかし，現在ではこの量がそれぞれ2〜5 μg, 10〜30 μg 程度でも，スキャホールド N50 = 100 kb を担保できるまでになっている．筆者らは現在，GIGA（Global Invertebrate Genome Alliance）のもと，国内外の多くの動物学者と共同で「全動物門のゲノム解読」に取り組んでいる．このような，数年前までは夢のような話が，こうした技術の進展によって，実現可能なところまできている．

次世代シーケンス革命によってもたらされたこのような状況になってみると，いまさらのことながら，ゲノム解読ターゲットの生物学を推し進める研究者の重要性である．ゲノムプロジェクトは，塩基配列決定に関わる研究者・技術者，アセンブルや遺伝子モデルを担当するバイオインフォマテシャン，生物学的意味付けを行う生物学者などの共同作業によって初めて可能になる．塩基配列決定技術の進歩に見合ったバイオインフォマテシャンと生物学者の技量・度量が必要であり，次世代シーケンス革命は生物学全般の底上げがあって初めて可能になると思われる．

PART 3 次世代シーケンサーがもたらす新時代

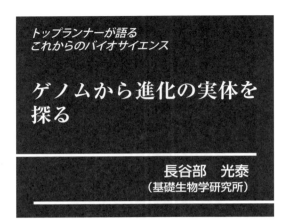

トップランナーが語る
これからのバイオサイエンス

ゲノムから進化の実体を探る

長谷部　光泰
（基礎生物学研究所）

次世代シーケンサーの性能が向上することで，今後，進化の原因遺伝子の同定，進化動態の推定が容易になり，進化学は飛躍的に進展することが期待できる．

進化の原因遺伝子同定においては，候補遺伝子アプローチ（candidate gene approach），すなわち，これまで研究の進んでいるモデル生物での知見を用いて，非モデル生物でそれらの候補遺伝子が本当に進化に関わったかを調べる方法がますます容易になるだろう．現状では，非モデル生物から候補遺伝子を探すのに大きな労力が必要である．非モデル生物のゲノム解読が簡便に行えれば，この実験を大幅に簡略化できる．

進化学の対象となる多くの面白い現象については，候補遺伝子がわからない場合の方が多い．その場合には，QTL 解析，塩基多様性のゲノムスキャン，Genome-wide association study（GWAS，全ゲノム関連解析）などの方法によって特定の責任遺伝子を探索することが可能であり，これらの研究も次世代シーケンサーを用いることによって大きく進展すると予想される．

交配して子孫を得られる，つまり遺伝学的実験が可能な材料については，QTL 解析による遺伝子同定が急速に進展すると期待できる．ここで一つの例を紹介する．京都府立大学の大島一正は，世界で彼だけが研究しているクルミホソガで，草食転換を起こした交配可能な二系統を見つけた．従来の方法で QTL 解析を進め，原因遺伝子領域を特定したが，遺伝子同定には至らなかった．しかし次世代シーケンサーによって，この原因遺伝子の同定が可能となった．

交配実験が難しい材料については，自然界で過去に起こった交配を利用する塩基多様性のゲノムスキャンや GWAS が有効である．塩基多様性は，特定の自然選択がかかっている遺伝子ではほかの遺伝子に比べて少ないことが知られている．ゲノム全体で各遺伝子の塩基多様性を比較し，ほかの遺伝子より塩基多様性の少ない遺伝子を探せば，過去に自然選択が作用した遺伝子，すなわち，適応進化に関連した可能性の高い遺伝子を推定することが可能となる．

GWAS 解析は，異なった形質をもつ複数個体のゲノム解析を行い，形質に連関する塩基置換を探索する方法である．現状では，いくつかの成功例があり，今後解析個体数を増やすことができるようになれば，大きく研究が進展することが期待される．

以上のように，進化を担った遺伝子候補の推定が飛躍的に進展することが期待されるが，候補遺伝子が本当に目的の機能を担っているかを確かめるためには，CRISPR，TALEN などのゲノム編集技術による機能解析技術の開発も必須である．進化学には複合的形質の進化，ゲノム内における突然変異の起こりかたや集団内への固定様式など，理論先行で実証研究が伴っていない部分が多く，ゲノムを通して進化の実体を解明することにより，新たなパラダイム転換の起こる可能性が大いにあると期待している．

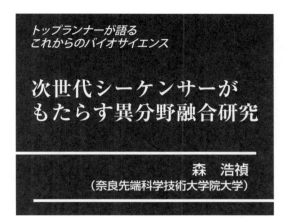

トップランナーが語る
これからのバイオサイエンス

次世代シーケンサーがもたらす異分野融合研究

森　浩禎
(奈良先端科学技術大学院大学)

DNAの構造解明，大腸菌での接合現象の発見，遺伝子工学の開発，物理学との融合による構造解析など，20世紀の後半における生物学上の発見と技術開発により多くの生命現象の分子機構が明らかにされてきた．しかし，ゲノムプロジェクト以降，とくに21世紀に入ってからの技術革新は，われわれの予想を遥かに超える速度で進化を続けている．予想を難しくしているのは，多くの領域にまたがった技術である点であろう．

コンピュータ製造業における長期的予測としてムーアの法則が知られている．どれほどの速度で集積化が進むかを予測した経験則であるが，現在の配列情報の蓄積量，新型シーケンサーの能力などはその法則を超える速度で進化を続けている．このことは，<u>これまでの生物学者だけで将来の生物学を論じることはもはや不可能であることを意味しているのではないだろうか</u>．「分子生物学を立ち上げたのは誰だったのか（物理学派）」を考えると，再び同じ事が起こっていると感じるのは，私だけだろうか．どれほど想像力をもった生物学者であっても，おそらく一人で今後の技術的な可能性を的確に予想し，それらを取り込んだ新たな生物学を展開するのは難しいであろう．異分野融合が叫ばれるゆえんである．

私は，研究室で「技術的制約により研究を縛るな」といっている．自分が思いつく技術は，非常に小さな世界のものであるということをいいたいのである．<u>「何ができるかではなく，何を知りたいのか」</u>である．

生物学者のわれわれが無理であろうと諦めている思いつきは，分野を超えた技術を利用できれば，そのほとんどが解決できるのではないだろうか．問題は「発想」である．もちろん，実現するための費用や時間などの現実的な問題が発生するが，少なくとも不可能ということはほぼ無いと思える．

新型シーケンサーはそのことを思い知らせてくれた一つの技術であり，今後も活用の幅はさらに広がると考えられる．配列に置き換えることさえできれば，あとはシーケンス技術により読み取りが可能になる．たとえば，タンパク質－タンパク質相互作用，核内染色体高次構造解析の3C解析などがよい例であり，マイクロアレイやDNA-chipで解析されてきたものはすべてシーケンス解析の対象である．single cellからのシーケンス解析も可能な時代になってきており，同一に見えていた細胞の個性もわかりはじめている〔J. Eberwine et al., *Nature methods*, 11, 25（2014）; D. Lovatt et al., *Nature methods*, 11, 190（2014）〕．シーケンス解析にさえ落とし込むことができると，その先の世界は共通のプラットフォームで解析を進めることができる．生物学のなかにも「抽象化」の概念が浸透してきたのではないだろうか．

PART 3　次世代シーケンサーがもたらす新時代

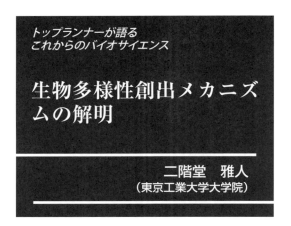

トップランナーが語る
これからのバイオサイエンス

生物多様性創出メカニズムの解明

二階堂　雅人
(東京工業大学大学院)

　私が専門とする進化生物学の分野では，研究の対象となる生物が多様であり，その形態や生態における多様性創出のメカニズムを知るのが究極的な目標である．しかし，次世代シーケンサー誕生以前のゲノム情報といえばヒト，マウス，ゼブラフィッシュなどきわめて限られた種であった．そのため，たとえばクジラのある遺伝子についてその進化パターンを知りたい場合は，ヒトやマウスの相同遺伝子において高度に保存された領域を指標にして，PCRもしくはゲノムライブラリーのスクリーニングを行い，目的遺伝子を探索するという，時間のかかる作業を必要とした．この方法ではnon-coding領域に存在するエンハンサー配列などの単離は方法的に困難である．

　また，シーラカンスのように4億年も前にほかの脊椎動物と分岐し，独自の進化を遂げた生物の場合だと，目的とする遺伝子に相当の変異が蓄積しているため，上述のPCRでは単離がきわめて困難であった．さらには，進化解析の際にゲノムのほんの一部分だけに注目してしまうことで，恣意的になりがちなのも問題であった．

　そう考えると，系統的に近縁な種がまったく存在しない生物であっても，新規に全ゲノム配列を迅速かつ安価に決定することを可能にした次世代シーケンサーの登場はまさに画期的だといえる．次世代シーケンサーが登場したいま，われわれが具体的に進めていくべきことは，まずは「良質な」全ゲノム配列が揃い容易にアクセスできるデータベースを構築することであり，それでようやく本当の意味での「比較ゲノム」の基盤がつくりあげられることになるのだと考えている．

　その比較ゲノムデータのなかから特定のphenotype (表現型) に関連するgenotype (遺伝子型) を網羅的に探索するための情報解析ツールの開発がさらに進んでいくものと予想される．さらに，次世代シーケンサーの登場と時期を同じくしてTALENやCRISPRなどの遺伝子改変技術も誕生し，すでに非モデル生物に応用可能なレベルまできている．

　進化生物学の分野では，これまでにも適応進化に関わるさまざまな遺伝子が提示されてきたが，対象種の多くが非モデル生物であるがゆえにその証明が難しく，ディスカッションレベルに留まってしまっていると他分野の研究者から揶揄されることもあった．しかし，次世代のシーケンス技術や遺伝子改変技術を駆使することで，研究者が興味をもったあらゆる生物について，特定の形質に関わる責任遺伝領域を網羅的かつ迅速に抽出することが可能となり，その機能をより直接的に調べられるようなシステマティックな研究が進められる時代が到来し，進化的事象の多くも分子生物学的な手法を用いて証明することが可能になると期待している．

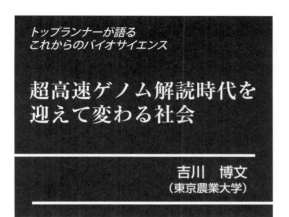

トップランナーが語る
これからのバイオサイエンス

超高速ゲノム解読時代を迎えて変わる社会

吉川　博文
（東京農業大学）

次世代シーケンス技術の急速な発展により，微生物科学研究や人間社会は今後どのような影響を受けるだろうか．第一にモデル微生物については，11章で述べたように研究室保存株の配列解読は必須である．これまで経験的に語られてきた微妙な表現型の違いなどが，明確な変異として徐々に確定していくと考えられる．一方で，人為的や自発的な変異を蓄積させ，ある環境に適した株の育種を行うなど，研究室内における進化実験が容易になり，微生物における実験進化学が飛躍的に発展するだろう．

これまでの微生物研究は，単一の細菌種を標的とした研究が基本であったが，近年，バイオマットや動物の腸内のような多様な微生物群に含まれる環境の全ゲノム情報を解読するメタゲノム解析が隆盛を迎えている．環境中の細菌叢に含まれる構成細菌分布の季節変化などがわかれば，作物や水産物の安定生産に必要な細菌環境などを人為的にコントロールする農水産業が可能になるかもしれない．また，ヒトの腸内微生物環境を健康的に保つような制御法が解明されれば，成人病の予防や病原性細菌に対する抵抗性を高めるような，より効率的なプロバイオティクスが可能になるであろう．

次に，ゲノム解析が容易になったことで，産業的に有用な微生物の探索と新規ゲノム解析が急速に進むと思われる．さまざまな極限環境から単離される菌株からは，かつての耐熱性ポリメラーゼやさまざまな抗生物質群のように，生物学研究全体に影響を及ぼすような酵素や生理活性物質とその原因遺伝子情報が取得できるかもしれない．次世代シーケンサーは，こうした研究を大きく加速させるブレークスルーとなる技術であり，バイオインフォマティクスの進歩と並行して，さらに発展していくことであろう．

最後に，かつて世界中の研究者が取り組んだヒトゲノム計画では，たった一人分のヒトゲノム解読に3000億円以上の予算が投じられた．しかし現在では，1000ドルゲノムプロジェクトに代表されるように，容易に依頼できるレベルまで解析コストは低下している．近い将来，すべての人類が自らのゲノム情報を得ることはきわめて容易になるだろう．さらに，それを究極のIDとして使用する日も確実にくると思われる．ゲノム情報から自らの疾病リスクや性向を知ることは，すでに一部現実のものとなっている．難病患者とその両親のゲノム情報を解析するトリオ解析法など，医学分野における次世代シーケンサーの利用はますます広がっていくだろうが，倫理面での問題も大きく，患者のプライバシーの塊である全ゲノム情報がデータベースを介して世界中に公開されてしまう状況ははなはだ問題である．また，ゲノム情報により人間の価値を評価するような重大なリスクの発生もすでにさまざまな方面から指摘されている．こうした問題に対する議論や法整備はまったく追いついておらず，早急に対策が取られるべき課題であると思われる．

PART 3 次世代シーケンサーがもたらす新時代

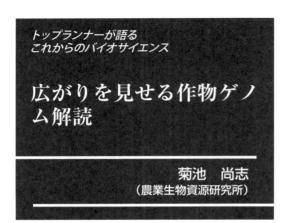

トップランナーが語る
これからのバイオサイエンス

広がりを見せる作物ゲノム解読

菊池　尚志
（農業生物資源研究所）

　高等植物の世界においては，2000年代初頭から中期にかけて，当時のシーケンス技術を利用して双子葉系のモデル植物シロイヌナズナ，単子葉系でかつ産業的にもきわめて重要なイネ，木本植物のポプラなどのゲノムが決定された．それに続いて，2000年代中期からの次世代シーケンス技術の導入でこれらのゲノム情報をリファレンスとして，進化的に近い生物種，あるいは系統的に近い品種のゲノムが解読され，現在その情報はマトリックス的な広がりを呈している．

　12章で記述したように，これらの情報はイネの地球上の栽培起源はどの地域にあり，それがどのように伝搬されたかの解明や，品種間でのゲノム配列の違い，SNP（single nucleotide polymorphism）を見いだすことで，品種判別やトレーサビリティの確立にも役立てられている．とくに，最近は食品の安全性や信頼性を脅かす事件が頻発しており，次世代シーケンス技術の導入によるゲノムデータの蓄積がこういった問題解決の有効な手段となることが大いに期待されている．

　また，次世代シーケンスの導入は遺伝子発現の網羅的解析，トランスクリプトーム研究においても大きなブレークスルーを提示している．従来の完全長cDNAプロジェクトなどでは収集しきれなかった転写物やマイクロRNAなどの存在，さらにそのようなRNAによる新たな遺伝子発現制御機構の解明も次世代シーケンス技術がもたらした新たな革命といえよう．

　次世代シーケンスの導入によってデータが大量に産生され，データベースとして公開されている．しかし現状では，データベースは生物種ごと，プロジェクトごと，あるいはデータの種類ごと（ゲノム，トランスクリプトーム，挿入変異体，形質など）に構築されており，きわめて使いにくい状況であることも否めない．その問題を解決すべく，初めてゲノムデータに触れる研究者にとっても使いやすい統合型のデータベースを構築するプロジェクト研究やツールの開発も行われている（http://biosciencedbc.jp/）．

　最後に，1990年代初頭のゲノムプロジェクトが開始される前といまとでは研究における大きな発展，とくに研究者にとってありがたい進化は，主要なゲノム配列の決定された生物種において，遺伝子の塩基配列などの情報が苦労なく机上の操作で入手可能になったことである．数年後にはコムギなどのゲノムも解読され，作物ゲノムにおけるターゲットとしてのゲノム塩基配列解明は終わりを迎えるであろう．一つの生物種において，多くの遺伝子（産物）がどのように時間的，空間的に発現制御され，それらがどのように修飾を受けて機能するのか，あるいはほかの産物と相互作用しつつ機能を発揮するのかは，これまでも行われてきてはいるが，全体のメンバー（ゲノム情報）がわかった状態での研究は新たな意味で重要ではないのだろうか．

◆索 引◆

A〜Z

ALLPATHS-LG　153
Applied Biosystems 社　7
Basin Network　36
BGI 社　15
bisulfite 処理　61
BS-seq(bisulfite-converted sequencing)法　93
BWA　67, 154
CAGE 法　35
cDNA 合成　79
cellularity　65
ChIP-chip 解析　138
ChIP-seq 法　62
Clinial sequencing 解析　62
Complete Genomics 社　14
cPAL シーケンシング法　14
CpG island　28
de novo ゲノム解読　18, 124, 189
de novo シーケンス　4, 24, 131
depth　58
DGGE(denaturing gradient gel electrophoresis)法　75
DNA
　バルク——　84
　ミニサークル——　109
　——Transistor　23
　——修飾解析　4
　——修飾情報　20
　——マーカー　87, 173
　——マイクロアレイ　162
　——メチル化　28, 93
EGFR　56
EMS　86
FarGen プロジェクト　184
FASTQ　67
FFPE　66
GenapSys 社　17

Genia 社　22
GWAS(genome-wide association stury)　33
genotype　192
GH ファミリー　79
Gramene database　180
Helicos Bioscience 社　20
HeliScope 法　20
heterogeneity　63, 186
heterozygosity　189
Hi-C　62
HiSeq　25, 147
Hox クラスター　102
IBM 社　23
ICGC(International Cancer Genome Consortium)　56
Illumina 社　11
incidental finding　66
insertion sequence　166
Ion PGM　16
Ion Torrent 社　16
LFR 技術　15
Life Technologies 社　12
LOH(loss of heterozygosity)　56
Long Fragment Read 技術　15
MG-RAST　74
MinION　22, 185
miRNA(microRNA)　60
mothur　71
MPSS(massively parallel signature sequencing)法　176
mRNA-seq(directional mRNA-sequencing)解析　91
MySeq　25
Nabsys 社　23
Nano SBS　22
NextSeq　25
Noblegen 社　23
non-coding RNA　30

O157　132
operational taxonomic unit 解析　71
OUT(operational taxonomic unit)解析　71
Oxford Nanopore Technologies 社　21
PacBio RS　25
Pacific Biosciences 社　18
ParaHox クラスター　105
PBJelly　120
PCR 診断　42
PEG(polyethylene glycol)　23
phynotype　192
PLATANUS　148
poly(A)構造　79
PubMed　43
PyroSequencing 法　9, 131
QIIME　71, 76
QTL(Quantitative trait loci)　87, 174
　——-seq 法　88
　——解析　190
Quality of Life　37
RFLP(restriction fragment length polymorphism)マーカー　174
RLGS(restricion landmark genomic scanning)法　28
RNA
　——editing(RNA エディティング)　61
　——-seq 解析　60, 91, 147
　——-seq 法　177
　——制御機構　92
　——プロファイリング　35
Roche 社　23
selective sweep　90
Sequencing by Hybridization 法　9, 12
Sequencing by Synthesis 法　9, 11
SHOREmap 法　84
single-cell genomics　187

195

索　引

small RNA　188
SMRT（single molecule real time sequencing）法　18
SMRT Bell　18
SNP　33, 86
　——-index　89
　——タイピングアレイ　173
SOGO データベース　178
SOLiD　12
sprai　120
SSR（simple sequence repeat）マーカー　174
structure variants　58
Symbiodinium　105
synthetic biology　187
TCGA（The Cancer Genome Atlas）　56
Unifrac 解析　72
UV 吸収物質　107
V4 領域　76
XRN ヌクレアーゼ　92
WGS（whole genome sequencing）　56
ZMW（zero mode waveguide）　18

あ

アウトブレイク　46
アコヤガイ　110
アダプタータンパク質　22
アルベオラータ　107
アレリズムテスト　87
アレル頻度　85
安全性評価　74
アンプリコンシーケンス　70, 72, 76
イオン感受性センサー　16
生きた化石　144
一塩基多型　33, 136, 172
1 塩基レベルの解像度　21
1 細胞分裂　26
1 分子検出　5
1 分子シーケンサー　116
1 分子シーケンシング　15
1 分子リアルタイム法　16, 18

遺伝子
　——型　192
　——欠損株　135
　——制御ネットワーク　35
　——（多型）検査　33, 184
　——の水平伝播　109
　——発現　160
　——発現解析　138
　——ファミリー　132
　——交流　150
　——多様性　148
　——多様性のモニタリング　152
イネ　88
　——ゲノムの情報　170
　——ゲノムプロジェクト　170, 179
　——の栽培化　174
異分野融合　191
インディカ種　171
インデックス　71
イントロン　78
ウイルス　42, 186
　——の挿入　59
渦鞭毛藻核　107
エクソーム解析　24
エクソームシーケンス　57
エクソン　78
エピジェネティック機構　34
エピジェネティック制御　188
エマルジョン PCR　9, 131
エラー補正　119
襟鞭毛虫類　102
塩基多型　110
エンコーディング表　13
塩素化エチレン類　74
エンハンサー　35
　——領域　149
オミックス　130
　——解析　162, 188
　——科学　29
オルガネラゲノム　109

か

貝殻・真珠形成関連遺伝子　111
解析パイプライン　67
可逆的ターミネーター法　11
核様態タンパク質　140
カタユウレイボヤ　100
褐虫藻　105
がん　34, 186
　——の 1 細胞シーケンス解析　64
　——の個別化医療　62
環境ストレス適応　188
環状ゲノム　165
感染症　42, 185
完全長 cDNA　170
冠輪動物　102
寄生虫　42
機能ゲノム科学　110
機能性 RNA　31
ギボシムシ　105
ギャップフィリング　122
キャピラリー電気泳動　5, 7
旧口動物　102
共生　105
　——細菌　117
近縁種　166
クオンタムバイオシステムズ社　23
クリニカルシーケンス　29
クロマチン免疫沈降シーケンス法　62
蛍光タンパク質遺伝子　107
形態進化　146
継代培養　164
血清診断　42
ゲノム
　——疫学　52, 185
　——解析　131
　——科学　158
　——合成　158, 166
　——構造異常　58
　——サイズ　146
　——ジャンボリー　111
　——の完全クローニング　167

索　引

――の疾患　56
――物理地図　165
――プロジェクト　135
――変異マップ　174
原因遺伝子　85
　　――同定法　190
原核生物　160
コアゲノム　132
合成生物学　158
合成対象ゲノム　167
構造多型・変異解析　4
高等植物　170
酵母　159
候補遺伝子　190
ゴースト信号　10
個人のゲノム情報　184
枯草菌　159, 162
コッホの四原則　43
コピー数異常　59
コユビミドリイシ　106
コンティグ　50, 122
　　――N50　118

さ

細菌　42, 186
細胞の系譜　101
作物ゲノム　194
雑種強勢　174
サプレッサー変異　136
サンガー法　6, 130, 162
三胚葉動物の進化　102
シアノバクテリア　164
シーケンス
　de novo ――　4, 24, 131
　アンプリコン――　70, 72, 76
　エクソーム――　57
　がんの1細胞――解析　64
　クリニカル――　29
　クロマチン免疫沈降――法　62
　全ゲノム――　89
　　――バイアス　116

シーラカンス　144
　インドネシア産――　145
　コモロ諸島産――　145
　タンザニア産――　145
　――マリンパーク　151
紫外線吸収物質　107
シクリッド　151
　タンガニィカ湖産――　151
　ビクトリア湖産――　145, 151
　マラウィ湖産――　151
　――ゲノムコンソーシアム　153
システイン　107
次世代シーケンサー　144, 166
次世代シーケンシング　84
自然選択　190
疾患リスク　31
実験室株　160
実験進化学　193
自動シーケンサー　130
姉妹群　103
ジャポニカ種　171
重亜硫酸ナトリウム処理　61
集団サイズ　150
終点領域　164
16S rRNA（リボソーム RNA）遺伝子
　　　　　　　　　　　　　70, 76
情報処理アルゴリズム　26
ショートリード　153
食虫植物　117
植物品種保護　173
シロイヌナズナ　84, 88
シンカイヒバリガイ　112
真核生物　160
進化ゲノム科学　112
進化生物学　192
進化速度　149
新型インフルエンザウイルス　42
新規ゲノム合成　167
新口動物　102
真珠形成メカニズム　110
シンテニーブロック　103

深度　58
浸透率　34
スキャフォールド　122, 148
スケーラビリティ　21
ストランドシーケンシング　21
スプライシングパターン　91
スプライスサイト　109
スワブ検体　47
生殖細胞変異　31
生命システム解明　167
生命システム設計　167
生理性状分析　187
脊索　105
脊索動物　102
全ゲノム関連解析　184
全ゲノムシーケンス　89
選択的スプライシング　32
全動物門のゲノム解読　189
1000 ドルゲノムプロジェクト
　　　　　　　　　　　3, 20, 193
挿入配列　166

た

ダーウィンの悪夢　152
ターゲットリシーケンス　4
第1世代の全ゲノム配列解析　161
体細胞変異　31, 67
対数増殖期　164
大腸菌　132
　　――ゲノム　130, 159, 167
タグ分子　23
多重遺伝子ファミリー　51
脱皮動物　102
単一遺伝子疾患　33
タンガ・マリンリザーブ　151
タンザニア水産研究所　152
タンパク質結合領域解析　138
断片の両端配列　15
チェーンターミネーション法　3, 6
抽象化　191
腸内細菌叢　48, 185

索　引

腸内メタゲノム　186
定常期　164
適応進化　192
適応放散　151
デスクトップ型　25
転写因子ネットワーク解析　36
転写開始位置　138
転写単位　177
糖化促進因子　80
凍結標本サンプル　65
凍結保存　164
糖質分解酵素ファミリー　79
トランスクリプトーム　194
　　——解析　30, 90, 94, 176, 188
　　——データ　176
トランスポーター　135
トランスポゾン　94
トリオ解析　193
トレーサビリティ　173, 194
トンネル電流　23

な

ナイルパーチ　152
納豆菌　165
　　——ゲノム　165
ナノポアシーケンサー　5
ナノポアシーケンシング　20
2回のゲノム重複　103
肉鰭類　145
二胚葉動物の進化　102
2 base エンコーディング　13

は

バイオインフォマティクス　178
バイオオーグメンテーション　75
バイオスティミュレーション　76
バイオセーフティレベル 3　76
バイオマーカー　32
バイオマス糖化酵素　78
バイオレメディエーション　74
倍数性　94

背側神経管　105
ハイブリッドアセンブル　118
白化現象　106
発現パターンデータベース　91
発現量解析　4
発生運命の決定　101
ハプロタイピング　15
ハプロタイプ　90
バリアント　42
　　——解析　47
バルク DNA　84
パルスフィールド電気泳動　117
パンゲノム　132
パンコムギゲノムプロジェクト　176
半導体チップ　16
ビクトリア湖生態系の保全　155
非コード RNA　60
非コード領域の変異　59
ピコタイタープレート　9
微生物　187, 193
　　——群集構造解析　75
　　——群の見える化　76
　　——群のモニタリング　75
　　——叢　48
ヒトゲノム計画　30
ヒトゲノムプロジェクト　3
ヒトマイクロバイオーム　136
非翻訳型 RNA　188
非モデル生物　116, 190
表現型　192
病原性細菌の検出　44
病原体　42
日和見細菌　76
品種判別　194
ファージ　133
ファイロタイプ　76
フェージングエラー　10, 11
不均一性　63
複製起点　164
フクロユキノシタ　121
物理地図　161

プラスミド　134
　　——ベクター　160
ブリッジ PCR　11
フローセル　11
プロセスの工学的評価　75
プロトン測定法　16
プロモータープロファイリング　35
プロモーターマーカー　32
フロリダナメクジウオ　103
分岐年代　152
分子バーコード　137
ペアエンドライブラリー　120
並列化自動逐次解析　5
並列共焦点測定システム　18
ヘテロシス　174
ヘテロ接合度　150
変異位置　136
ポイント変異　58
ポジショナルクローニング　84
ポストゲノム　130
ポピュレーション解析　137
ホメオログ　95
ホモポリマー　7
　　——エラー　50
ポリメラーゼ伸長合成反応　11
ホルマリン固定パラフィン包埋　66
翻訳状態解析　138

ま

マイクロ CT スキャン　147
マイクロリアクター　9
マイコプラズマ　160
前処理技術　26
マーカー
　　DNA ——　87, 173
　　RFLP ——　174
　　SSR ——　174
　　バイオ ——　32
　　プロモーター ——　32
マキサム・ギルバート法　6
マッピング　135, 154

索　引

マラリア原虫　49
未知・未培養微生物　78
未知遺伝子資源　81
ミッシングリンク　146
ミトコンドリア全長配列　149
ミナトカモジグサ　90
ミニサークル DNA　109
メイトペアライブラリー　94
メートペア　15
メタ 16S 解析　70
メタゲノミック診断　43
メタゲノム　70
　　──解析　42, 70, 72, 135
メタトランスクリプトーム　70
　　──解析　74, 78, 80
メチローム解析　94

免疫機構　186
モウセンゴケ　125
モーションコントロール　21
モデル生物　148, 170

や

野生型　164
野生株　163
融合遺伝子　60
予期せぬ変異　66
454 社　9

ら

ラジオアイソトープ　130
ラン藻　159
　　──ゲノム　167

陸上化　146
リザーバー　46
リシーケンス　24, 154
　　ターゲット──　4
リファレンス配列　163, 171
リボソーム遺伝子　165
リボソームプロファイリング　139
リボヌクレアーゼ　92
量的形質　87, 174
　　──遺伝子座　87
連鎖解析　33
連鎖群　103
6P 医療　30

わ

ワシントン条約　146

監修略歴

林崎 良英(はやしざき よしひで)
1957年 大阪府生まれ
1982年 大阪大学大学院医学部内科系博士課程修了
現　在 理化学研究所予防医療・診断技術開発プログラムプログラムディレクター
医学博士
おもな研究テーマは「オミックス科学と医療」

編者略歴

▶**伊藤 昌可**(いとう まさよし)
1968年 愛知県生まれ
1995年 岐阜大学大学院連合農学研究科博士課程修了
現　在 理化学研究所予防医療・診断技術開発プログラムコーディネーター
博士（農学）
おもな研究テーマは「シーケンス技術開発と応用」

▶**伊藤 恵美**(いとう えみ)
1968年 東京都生まれ
2005年 ニューヨーク市立大学シティカレッジ生物学科修士課程修了
修士（免疫学）

次世代シーケンサー活用術──トップランナーの最新研究事例に学ぶ

2015年3月15日　第1版　第1刷　発行
2017年1月30日　　　　　第2刷　発行

検印廃止

JCOPY 〈（社）出版者著作権管理機構委託出版物〉

本書の無断複写は著作権法上での例外を除き禁じられています．複写される場合は，そのつど事前に，（社）出版者著作権管理機構（電話 03-3513-6969，FAX 03-3513-6979，e-mail: info@jcopy.or.jp）の許諾を得てください．

本書のコピー，スキャン，デジタル化などの無断複製は著作権法上での例外を除き禁じられています．本書を代行業者などの第三者に依頼してスキャンやデジタル化することは，たとえ個人や家庭内の利用でも著作権法違反です．

乱丁・落丁本は送料当社負担にてお取りかえいたします．

監　修　　林崎　良英
編　者　　伊藤　昌可
　　　　　伊藤　恵美
発行者　　曽根　良介
発行所　　(株)化学同人

〒600-8074　京都市下京区仏光寺通柳馬場西入ル
編集部　TEL 075-352-3711　FAX 075-352-0371
営業部　TEL 075-352-3373　FAX 075-351-8301
　　　　　振替　01010-7-5702
E-mail　webmaster@kagakudojin.co.jp
URL　http://www.kagakudojin.co.jp
印刷・製本　モリモト印刷㈱

Printed in Japan　© Y. Hayashizaki, M. Itoh, E. Ito　2015　無断転載・複製を禁ず　ISBN978-4-7598-1590-0